林珍 编著

好性格

— 是这样培养出来的 —

性格不是与生俱来的，而是后天塑造的，因此只要选对正确的培养方法，就能够让青少年拥有健康良好的性格：本书运用了大量古今中外教子的案例．为青少年读者指出了培养好性格的具体方式和方法。

中国出版集团
现代出版社

图书在版编目（CIP）数据

好性格是这样培养出来的／林珍编著 . — 北京：
现代出版社，2011. 9（2025年1月重印）
ISBN 978 – 7 – 5143 – 0311 – 7

Ⅰ . ①好… Ⅱ . ①林… Ⅲ . ①性格 – 青年读物②性格
– 少年读物 Ⅳ . ①B848. 6 – 49

中国版本图书馆 CIP 数据核字（2011）第 146304 号

好性格是这样培养出来的

编　　著	林　珍
责任编辑	张桂玲
出版发行	现代出版社
地　　址	北京市安定门外安华里 504 号
邮政编码	100011
电　　话	010 – 64267325　010 – 64245264（兼传真）
网　　址	www. 1980xd. com
电子信箱	xiandai@ vip. sina. com
印　　刷	三河市人民印务有限公司
开　　本	710mm×1000mm　1/16
印　　张	13
版　　次	2011 年 9 月第 1 版　2025 年 1 月第 9 次印刷
书　　号	ISBN 978 – 7 – 5143 – 0311 – 7
定　　价	49. 80 元

　　梁启超说："少年智则国智，少年富则国富，少年强则国强，少年独立则国独立……"可见，青少年在国家发展建设中，所处的位置非常重要。青少年除了努力学习科学知识外，其他方面也在随之发展，性格就是其中之一。人的性格在先天秉赋和后天教育的双重影响下才能逐步塑造起来，但二者在性格形成中所起的作用有很大差别，先天秉赋是基础，后天教育是条件，二者相互影响和渗透，形成一个人统一的性格。培养青少年良好的性格，不仅仅让青少年受益一生，也是社会发展的必然结果。

　　其实，每个人的性格，都是一个构造独特的世界，蕴藏着巨大的能量。它的爆发，既可以帮助一个人走向成功的彼岸，也可以将一个人推入万丈深渊。这是因为，性格对于我们每一个人的行为方式起着很大的支配作用：一个人具有什么样的性格，将决定他的交际关系、婚姻选择、生活状态、职业选择以及创业成败等等，从而决定人们一生的命运。例如，有的人性格鲁莽，所以行事总是风风火火；有的人性格急躁，所以遇事容易激动；有的人性格刚毅，所以在困难面前总是表现得勇敢坚定；有的人性格倔强，遇事喜欢钻牛角尖，常常会陷入被动而不能自拔。可见，好性格才是一个人一生最大的宝藏。一个人身上所具有的好性格越多，距离成功就会越近。

　　另外，性格比人性、人格的概念更为广泛，除了先天性的遗传外，后天的环境、心态、一个人的气质等，都是影响一个人性格形成和发展的重要因素。人们常用"食一种米，养百种人"这句话来形容人的性格千差万别这一特点。人的性格世界就像是一个丰富多彩的百草园。走进这个百草园，你才能看清楚性格中的每个个体；看清个体之间的优点与缺点、有序与无序；看清个体与整体的联系。只有这样，才会真正把握好性格的脉搏，追求到性格的美好和谐。

　　如何培养青少年受益一生的好性格？本书从多角度剖析青少年在成长过程中性格的形成与发展，并对好性格的各种形成条件加以诠释，从而引导青少年怎样克服坏习惯，逐步完善自己的性格，为完美人生打下基础。

Contents
目 录

好性格是这样培养出来的

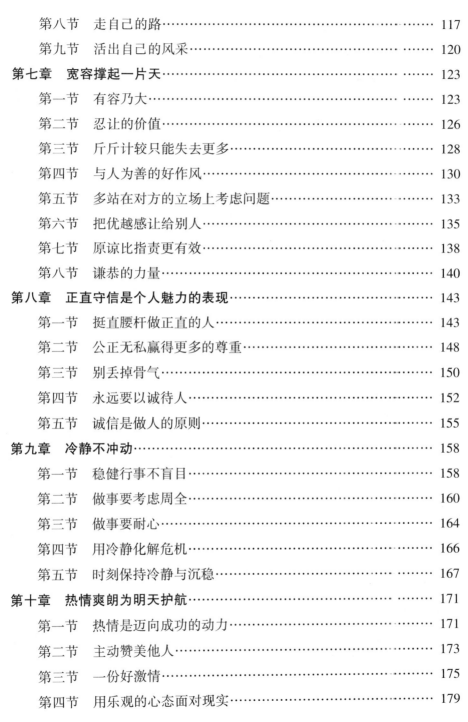

好性格是这样培养出来的

第一章　认识性格

　　可以说，世界上不存在两个性格完全一模一样的人。但是，我们可以根据某种原理，按照一定的标准，侧重于性格的某一侧面，把社会上各种各样的人分成若干类型。如果我们能清楚地了解自己的性格类型，就有助于我们按照自己的性格特征来选择最适合的职业，就有助于我们更有效地工作和生活，就有助于我们针对自己性格上的弱点自觉地加以矫正，从而充分地实现自己的价值。

第一节　什么是性格

　　性格是表现在人对现实的态度和行为方式中的比较稳定而具有核心意义的个性心理特征。换言之，性格包含两个紧密联系的方面：一是人对现实世界的稳定的态度体系，二是与这种态度体系相应的习惯了的行为方式。譬如，有的人对待工作总是一丝不苟，认真负责；在待人处事中总是表现出有高度的原则性，坚毅果断，豪爽活泼，有礼貌，肯帮助人，乐于同他人共享他的东西而从不吝啬；在对待自己的态度上总是表现为谦虚、自信等。所有这些特征的总和就是他的性格。

　　性格的个别差异是很大的。有人娇嗔、傲气、泼辣；有人热情、开朗、活泼、外露；有人深沉、内向和多思；有人大胆自信有余，耐心仔细不足；有人耐心细致有余，大胆自信不足；有人快中易粗，粗中易错；有人却慢条斯理，有条不紊。性格就是由各种特征所组成的有机统一体。每一个人对现实稳固的态度有着特定的体系，其行为的表现方式也有着他所特有的样式。这种稳固的、定型化了的态度体系和行为样式就是他的性格。

必须指出，在个体生活中那种一时性的偶然表现，不能被认为是一个人的性格特征。例如，一个人在一次偶然的场合表现出胆怯的行为，不能据此就认为这个人具有怯懦的性格特征；一个人在某种特殊的条件下，一反常态地发了脾气，也不能认为这个人具有暴躁的性格特征。只有那些经常性、习惯性的表现才能被认为是个体的性格特征。

性格是一个人个性中起核心作用的心理特点，也是一个人对现实态度与其习惯的行为方式的统一体。因此，性格是有好坏之分的，而且好坏不能并存。例如，一个对敌狠、对己和的人，绝不可能也是一个对己狠、对敌和的人；一个富有首创精神的人，不可能同时也是墨守成规的人；一个利己主义者，有时也很"慷慨"，那是伪装。所以，我们要考察一个人的性格特征，必须把他的各方面联系起来作综合分析，不可管窥蠡测。

当我们分析一个人的性格时，往往会遇上诸如顺从、粗犷等中性性格特征。这时，我们应追溯这些中性特征的依附，其好坏要根据其所依附的主要性格特征来定。

一个人的性格特征体现着他的思想品德。所以，衡量性格好坏的核心指标是"集体与个人"。凡是一事当先，先为个人打算，一切以"我"为中心就是坏性格，应予反对；一事当先，先为集体打算，"一心装着集体，唯独没有自己"，就是好性格，应予赞扬。

人的性格是在长期生活环境和社会实践中逐步形成的，它一旦形成就比较稳定，但也不是一成不变的。客观环境的变化往往使人的性格发生明显的变化。如在某种环境和家庭影响下成长的儿童，养成了怯懦、孤独的性格特点，当他们进入学校，经过集体的熏陶，随着社会交往的日益增多，就可能使他们原来的性格特点发生显著的变化；一个活泼愉快的学生，可能由于某种严重的打击，精神上蒙受挫折，变得忧闷抑郁起来。

客观环境的影响，需要通过人的主观因素起作用。意识的自我调节对性格的履行起着重要作用。幼小儿童的行为方式没有定型，意识的自我调节水平较低，他们易受环境影响，性格的可塑性更大。当一个人的社会知识经验丰富了，出现了比较系统化的思想，形成理想、信念和世界观时，他们的性格才能在社会实践中、在自我调节的水平上发展、改造。虽然成人的行为方式比儿童稳定，但其性格也仍具有可塑性的一面。

性格的可塑性并不是一成不变的，它不可能永远停留在一个水平上，因为作用于性格的诸因素是不断变化的。性格的可变性，决定了性格是可以培养的，这是性格教育的前提；如果性格不可塑，那还有什么性格教育可言？还有什么性格的自我培养与改造？我们还有什么必要为某些不良的性格而自怨自艾、自暴自弃呢？

性格的可塑性，决定了性格形成和发展的阶段性特征。心理学家把性格发展的年龄阶段分为4个时期：形成期、定型期、成熟期和更年期。5~11岁左右为性格形成期。这个时期的儿童虽然初步形成独立处理事情的能力，但还极易接受社会环境的熏染，尤其是家庭的影响。12~17岁左右是性格的定型期。这个时期的少年开始接触社会，虽然开始形成分辨是非的能力，但还缺乏抵御外界不良影响的能力。18~55岁为性格成熟期。这个时期的人已有比较稳定、完整的性格特征。56岁以上为性格的更年期或老年期。这个时期的人也会出现性格上的某些变化。

第二节　性格特征分析

性格作为个人的心理特征，是十分复杂的，是由多方面的特征有机地结合而成的。因此，为了具体地了解什么是性格，有必要分析一下性格的结构。通过对性格结构的讨论，我们将进一步认清什么是性格。这样不仅有助于每个人分析和了解他人与自己的性格，也有利于教师因材施教。

可以把性格分为4个方面的特征：表现个人对现实的态度的性格性征、性格的意志特征、性格的情绪特征和性格的理智特征。

一、表现个人对现实世界的态度的性格特征

每个人生活在世界上，对事、对人总会抱着这样或那样的态度。人和人性格的不同，首先就表现在对人、对事的态度上。在一定的客观情景中，主体所持的不同态度导致他将采取不同的行为方向。比如在需要对利、义作权衡的情况下，见利忘义者和一个舍利取义者，就表现着两种不同的，甚至相对立的性格特征。

个人所处的社会环境是纷繁复杂的，个人对人、对事的态度也不是单

一的，而是多方面的。这些多方面的态度，对特定个体来说，是互相有机地联系着的。因此每个人对现实世界的各种态度，组成一个态度体系，分解出来，主要有以下几类：

1. 个人对社会的态度

这包括对祖国、对人民的态度。任何人都是社会的一员，人的本质是社会性的。每个人的全部生活——物质生活和精神生活都同社会息息相关。因此任何人不可避免地要对自己生活于其中的祖国、人民、人类社会抱有某种态度。有的人热爱祖国，热爱人民，具有高度的社会责任感，关心社会进步和人民幸福，以天下为己任；有的人对国家、社会漠不关心，玩世不恭，一心只追求自己的功名利禄和物质享受，甚至会作出危害社会、危害国家利益的罪恶勾当来。

2. 个人对他人的态度

这包括对亲友、对同志等等的态度。个人总是生活在人群中，生活在具体的人际关系中。个人对待他所交往的人，恪守怎样的原则态度，这也是个人性格特征的重要方面。有的人热爱集体，尊重他人，待人诚实，不趋炎附势，助人为乐；有人则自我至上，漠视别人，待人虚情假意，甚至损人利己。

3. 个人对事业的态度

这包括对劳动、学习和所从事的职业的态度。人作为社会的一员，要从事一定的社会职业，以此立身处世，以此使个人的实践活动服务于社会的共同事业。在这一点上，有的人勤奋拼搏，执著追求，自强不息；有的人则懒惰懈怠，胸无大志，无所作为。

4. 个人对自己的态度

前面说过，人是具有自我意识的。人既是思维、行动的主体，又是自己意识的客体。人对自己总是抱有这样那样的态度的。有的人自尊自强，有的人则自卑自馁；有的人谦逊谨慎，虚怀若谷，有的人则妄自尊大，目空一切。

不难看出，以上这些态度之间，存在着内在的联系，其中一方面的态度可以影响或决定另一方面的态度。比如，一个社会责任感强烈的人，他对待事业常常是积极进取的，他对待同志常常是热诚相助的，他对待自己也常常是严格要求的。这也表明，一般说来，在个人的态度体系中，他对社会的态度常占着主导的地位。

人对某种事物的态度，是受他所持的相应的观点制约的。人对社会的态度如何，真实反映着他的人生观、世界观。因此个人对现实的态度体系，带有着明显的道德色彩。个人性格中对现实态度的那些特征，基本上也是人的精神面貌的道德特征。由此可知，当全面评价某人的性格特征时，人们总不能不带有某种伦理上的褒或贬。比如，当谈到某人性格中的大公无私、舍己为人等特征时，总是同时伴有赞许或颂扬的评价；相反，当谈到某人一向自私自利、损人利己等特征时，同时也伴有否定的、鄙夷的评价。在这个意义上，青少年性格的培养和塑造，不仅是他们的良好心理品质的形成过程，也是他们思想修养不断提高的过程。

二、性格的意志特征

性格的组成部分之一是个人的行为方式，而人的行为是由意志来调节的。人发动某个行为或抑制某个行为都为意志所控制。在遭遇困难时，人的行为是坚持奋进还是畏难而退，反映着人的意志力量和品质。个人对自己行为的调节水平和调节特点，必然表现在人的行为方式上，从而构成性格的意志特征。

人的性格的意志特征可以从不同的侧面加以描述：

1. 行动的目的性

意志行动不同于冲动性行动，它具有自觉的目的性，意志过程就是根据这个目的来调节行动实现目的的。然而在人的行动目的性上，有着个人差异。有的人遇事目的明确，独立性强；有的人为人处世则经常目的不明确，稀里糊涂过日子，缺乏独立性，容易随波逐流。

2. 自制力水平

人为了达到既定目标，有时需要抑止自己的某些内心冲动和外部行为，有时出于外部的社会约束也需要如此，于是表现出各人行为方式上的差异：有人自制力强，善于"令行禁止"，表现出较好的纪律性和自我约束能力；有的人则自制力差，表现出行为的冲动性、任意性和散漫性。

3. 果敢性

这是在人遇到危难局面时表现出的意志特征。身处惊险环境，有的人显出勇敢、顽强、镇定自若，有的人则胆怯、懦弱、恐慌万状；面临困难的抉择，有的人表现得果敢决断，有的人则优柔寡断。

4. 坚韧性

在达到长期目标的过程中，显示出个人在行为方式上的不同，就是坚韧程度。有的人富有恒心，处世百折不挠，锲而不舍；有的人则见异思迁，难于持久，甚至遇难而退，半途而废。

三、性格的情绪特征

人的情绪活动充满着他的全部生活。但每个人的情绪过程又各具特点，从而构成个人的性格情绪特征。

1. 情绪的强度

经受同样的刺激，个人经常出现的情绪强度可以不同。有的人多愁善感或易于大喜大悲，有的人则不易动情或惯于产生微欢淡愁；有的人情绪难受约束，动辄喜形于色，有的人情绪则常受理智和意志的抑制，表现甚为平和。

2. 情绪的稳定性

一种情绪产生了，其持续的长短因人而异；两种性质对立情绪转换的难易，也存在差异。这就造成个人间情绪稳定性的区别。有的人喜怒无常，瞬息万变；有的人则相反，一旦沉入某种情绪体验，就不易摆脱。

3. 主导的心境

喜怒哀乐，人皆有之，但各种情绪在不同人身上发生的频度和起作用的力量是不同的。对有些人，愉快、乐观是主导心境，他们遇事不愁，笑口常开；另一些人，主导心境可能是忧郁和焦虑，他们很容易忧心忡忡，双眉紧锁。

四、性格的理智特征

人们借助感知、思维等认识过程来反映现实。这些认识过程在不同人身上表现出来稳定的个体差异，构成了性格的理智特征。

感知方面有所谓分析型和综合型的区别。前者（分析型）习惯于想问题条分缕析，细致入微，却不善于总括全局，抓住要领；后者（综合型）

则习惯于概括综合，善于把握事物的轮廓，却有失深入细致。

从上述可见，一个人的性格特征是丰富的、复杂的。全面了解一个人的性格，必须详尽地分析他各个方面的惯常表现，在此基础上对其个人性格作出准确的评价。

第三节　性格结构的性质

一、性格结构的整体性

一个人的性格结构的许多个别特征不是孤立地存在着的，而是相互依存、协调地组成为一个统一的整体，并表现其独特的风格。例如，一个勇敢、顽强的人，他的主导心境一定是振奋的，性格情绪特征是强烈的，性格的理智特征是积极主动的，性格的意志特征是独立坚强的。由于性格个别特征之间具有内在的联系，且协调地组合成一个统一的整体，所以只要了解一个人某一种或某几种性格特征，一般就可以推测出其他特征。比如，只要知道一个人是正直的，就可推测他为人诚恳真挚，能仗义执言，敢于和不良行为作斗争，原则性比较强等性格特征。

二、性格结构的复杂性

性格是一个统一的整体，但它的表现又十分复杂。在这一场合表现性格的某一方面，在另一场合又表现性格的另一方面。究其原因，主要有以下几方面：

首先，从客观上看，是社会的不同方面向青少年学生提出了不同的要求。例如，有的学生在学校里能尊敬师长，友爱同学，积极劳动，但在家里对待长辈却简单粗暴，对待弟妹也不友好，家务劳动从不伸手。造成上述矛盾现象，主要是由于学校和家庭对青少年学生要求的不一致。

其次，从主观上分析，是由于人的行为方式和对事物的态度两者之间并不完全一致。例如：社会上有王熙凤式的人物，外表看来和善热情，但骨子里却心狠手辣；也有像鲁智深式的人物，外表看来蛮横粗暴，但实际上却心地善良，处处见义勇为，扶危济贫。

再次，是由于各人的性格结构完整和完善程度不同。有的人性格比较完整、完善，在任何场合下表现都比较一致；有的人则不然，在不同场合下会表现出不同的性格特征，即具有所谓的"双重性格"。例如，有的人对上级领导极其恭敬，而对下级或群众则相当傲慢；有的人对有利可图的事表现得较积极，而对无利可图的事则表现得很懒散。

由于性格结构具有复杂性，要了解一个人的性格，必须通过在不同情况下，全面、系统地反复考察，并要求在考察时分清主次，辨别真伪。

三、性格结构的稳定性与可塑性

人的性格反映人对现实的稳定态度和相应的已习惯化的行为方式，它具有稳定性。正因为这样，当我们真正了解某一个人的性格后，就可预测到他在某种情况下将采取什么样的态度和行为。富有经验的指挥员能把最艰巨的任务交给性格最坚强勇敢的战士，就是基于性格稳定性这一前提。因为他预料到这种性格的战士，在任何困难危险的情况下都会不屈不挠，勇往直前，不达目的决不罢休。

性格具有稳定性，但它不是一成不变的，而是随着生活条件和客观需要的变化而变化的，这就是性格的可塑性。因此，许多优秀的教育工作者在学校的各项活动中，致力于学生良好性格的塑造。有许多青少年学生在教师正确的教育、引导和耐心、细致的帮助下，经过自己顽强的锻炼，逐渐改变了原有的不良性格，培养和形成了新的良好性格。比如由懒惰变为勤劳，由粗心变为细心，由自卑变为自信，由懦弱变为坚强，由骄傲变为谦虚，由急躁变为沉着等。

第四节　性格的类型

在一类人身上所共有的某些性格特征的独特结合，称之为性格类型。按照一定原则和标准把性格加以分类，有助于了解一个人性格的主要特点和揭示性格的实质。许多心理学家试图划分人的性格类型，但由于理论观点不同以及人的性格的复杂性，至今还没有统一的分类标准，下面简要介绍几种性格类型分类。

一、按智力、情感、意志在性格中的表现程度分类

按智力、情感和意志在某个人性格上占优势程度可划分性格的不同类型。如果某个人通过专门编制的关于智力、情感、意志等心理机制测验，其测验数据标明某种机能超过其他机能，他就被确定为属于某方面的性格类型。情绪型性格的人情绪占优势，行为举止易受情绪左右；意志型性格的人意志占优势，其行动目标明确，行为主动；理智型性格的人智力占优势，易用理智来分析并支配自己的行动。以上 3 种只是日常生活中极为典型的性格类型，实际上多数人都是中间类型。这种类型划分是以机能心理学理论为基础的，它脱离人的心理生活内容和倾向性，把性格只看做心理过程或能力的简单组合。这种类型划分，只能是一种抽象的模式。

二、从心理倾向划分性格类型

瑞士心理学家容格认为人生命中的"力必多"活动是一切行为变化的基础。如果一个人的"力必多"活动倾向于外部环境，则属于外倾性的人；"力必多"活动倾向于自己，则属于内倾性的人。外倾性的人感情外露，自由奔放，当机立断，不拘小节，性格独立，善交际，活动能力强，但也有轻率的一面；内倾性的人处事谨慎，深思熟虑，顾虑多，缺乏实际行动，交际面狭窄，适应环境比较困难。

人格内倾和外倾的概念已为大家所熟悉，在国外，这一理论也被应用于教育、医疗等实践领域。但这种类型的划分并未摆脱气质型的模式。容格以一种假想的本能的能量——他称之为"力必多"——作为划分性格类型的基础，并没有考虑人的性格的社会实质，而且，这种分类只有质的区别，没有量的差异，仍过于简单。

三、文化、社会学的类型论

法国心理学家斯卜兰格和底尔太从文化社会学的观点出发，对性格予以分类。斯卜兰格把人的基本生活领域分为 6 个方面，根据人的认识、行为表现，以及认为哪一种生活方式最有价值，把人的性格区分为理论型、经济型、审美型、政治型、社会型和宗教型 6 种。底尔太则把人分成官能型、英雄型和瞑想型 3 种类型。这种类型说是以人类社会意识形态倾向性作为出发点来划分性格类型的。他们既不考虑作为文化价值的社会矛盾，也不考

虑意识形态所具有的阶段因素，更不考虑人的个性倾向性形成所依据的生活经历。他们这样做无非是企图把资产阶级意识形态倾向合理化，把被资产阶级意识浸透了的人宣传为具有高尚人格的人。

四、按个体独立性程度划分性格类型

按照个体独立性程度划分性格类型，是目前西方比较流行的分类方法。某些心理学家依据科学的理论，把人分成为依存性和独立性两种类型。前者也叫顺从型，后者称为独立型。他们认为这两种类型的人是按照两种对立的信息加工方式进行工作的。独立型的人不易受外来事物的干扰，他们具有坚定的信念，能独立地判断事物，发现问题，解决问题，易于发挥自己的力量；顺从型的人倾向于以外在参照物作为信息加工的依据，他们易受附加物的干扰，常不加批判地接受别人的意见，应急能力差。这种分类虽已被实验所证实，但其局限性还很大，并不能包括所有的性格类型。

五、按特质不同组合划分性格类型

按照性格的多种特质的不同组合，把人的性格分为不同的类型。例如，卡特尔把性格特质分为"表面特质"和"根源特质"两大类。"表面特质"是指经常发生的，从外部可以观察到的行为，而"根源特质"则是制约"表面特质"的潜在基础。例如，自作主张、自以为是、高傲、指责别人等表面特质，都是支配这个"根源特质"的表现。卡特尔经过多年的实践、研究，积累了大量的人的行为特点的资料，通过因素分析的方法，从众多的行为"表面特质"中抽出16种行为的"根源特质"。这16个特质是：

A：乐群性　　B：聪慧性　　C：稳定性　　E：特强性

F：兴奋性　　G：有恒性　　H：敢为性　　I：敏感性

L：怀疑性　　M：幻想性　　N：世故性　　O：忧虑性

P：实验性　　Q：独立性　　R：自律性　　S：紧张性

卡特尔认为，这16个特质是各自独立的，它们普遍地存在于各年龄和社会文化环境不同的人身上。其中有的起源于体质因素，叫做"体质特质"；有的起源于环境因素，叫做"环境形成特质"。正是这两种特质的改变或社会化，决定着一个人性格的形成和发展。而这种改变或社会化，不论是"体质特质"还是"环境形成特质"，都是由一个人的先天素质和后天经验两个方面决定的。

又如吉尔福特等人把性格分为以下 12 种特征：（1）是否忧郁，容易悲伤；（2）情绪是否容易变化、不稳定；（3）自卑感的大小程度；（4）是否容易担心某种事情或容易烦躁；　（5）是否容易空想、过敏而不能入睡；（6）是否信任别人，与社会协调；（7）是否不倾听他人的意见而自行其是，爱发脾气，有攻击性；　（8）是否开朗，动作敏捷；　（9）慢性还是急性；（10）是否喜欢沉思，愿意反省；（11）是否能当群众运动的领导人；（12）是否关心交际。其中第一到第四个特性为性格稳定性程度的指标；第五到第七个特性为社会适应性能力的指标；第八到第十二个特性为倾向性的指标。根据这 12 种特性的不同组合分出 5 种性格类型：A 型性格的人，多具有雄心壮志，但容易急躁，对周围环境适应性较差，人际关系不甚融洽。他们的行为常引起人们的注意或议论，所以又称行为型。B 型性格的人，能力一般，不善交际，但社交适应性较好，遇事放得下，想得开，不耿耿于怀，又称平衡型。C 型性格的人，情绪稳定，感情内向，反应慢，较孤僻，好幻想，常处于被动状态，又称安定消极型。D 型性格的人，情绪稳定，感情外向，为人活跃开朗，善于交际，同周围人际关系较好，有组织领导能力，又称管理者型。E 型性格的人多有消极情绪，经常逃避现实。

正确地解决性格类型的问题具有十分重要的理论意义和实践意义。它不仅有利于我们加深对性格本质的理解，而且有利于合理地安排不同人的工作，充分调动每个人的积极性，针对特点，因材施教，克服不良的性格特征，培养良好的性格特征。

第五节　性格鉴定

性格鉴定是家庭、学校对儿童进行教育的重要依据之一。由于性格这一心理现象的复杂性，性格鉴定往往需要用多种方法进行多方面的探讨。现将主要方法列举如下。

一、行动观察法

这种方法是在被观察的对象处于正常的学习、生活、工作、娱乐活动中，主试者有目的、有计划地从被观察者的行动、言语、表现等方面去收集材料，并分析、研究、鉴别被观察者的性格特征的方法。有人也称之为轶事记录法。

例如"拾柴禾"的实验，是为研究儿童的勇敢性而设计的一个自然实验。这个实验是以保育院的40名小朋友为对象，在冬季黑夜时进行的。实验者先把一些湿柴放在离宿舍不远的棚里，把另一些干柴放在较远的山沟里，然后要求被试者去拾柴以便烤火取暖，同时实验者在一个屋子里观察孩子的动静。这种实验情境在被试者中引起不同的反应，有小部分勇敢者跑到山沟里去了；有些人说了一些埋怨的话；大部分不敢走远，只到棚里去取柴。在几个月的时间内，对孩子们进行了一定的教育，使去山沟拾柴的人渐渐增多，但仍有20个被试者没有什么变化。由此研究者观察到了不同人的性格的意志特征：有的是勇敢的，有的是动摇的，有的是畏缩、图方便的，有的则是胆怯的。

二、自然实验法

实验室的情境脱离社会，过于人为化，对性格的研究和鉴定来说，有它的局限性。而自然实验法保持着在各种科学中所应用的实验法的一切特点，但它又是在被试者处在游戏、学习、劳动、社会交往等自然活动条件下进行的实验。它把心理学实验和个人的正常生活联系在一起，把观察法的自然性和实验法的主动性结合起来，使被试者不疑心自己是在接受心理实验，能较好地控制被试者主观因素的影响，因此，它是性格鉴定中常采用的一种方法。例如，对于一个不喜欢也不善于管理自己、缺乏应有的责任感的青少年学生，教师可以使他担任一种负责的助手工作，并注意观察这种信赖如何提高青少年学生的责任感。这既能鉴定学生的性格特征，又能了解学生性格的形成和发展。

三、调查法

性格鉴定中采用调查法就是通过多种途径搜集、研究被试者的有关材料，从而对其性格特征作出鉴定的方法。它的主要方法和途径有：

1. 谈话法。谈话法是一种口头调查的方法，这是通过相互交谈的方式搜集材料，用以确定和判断一个人性格特征的方法。

2. 问卷调查法。问卷调查是一种书面形式的谈话，由研究者提出与研究课题有关的问题，要求教师、家长、同学、朋友、学生本人或其他人提供书面材料，从中分析研究性格特征。

好性格是这样培养出来的

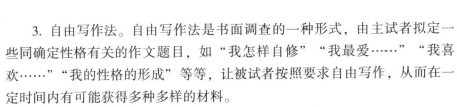

3. 自由写作法。自由写作法是书面调查的一种形式，由主试者拟定一些同确定性格有关的作文题目，如"我怎样自修""我最爱……""我喜欢……""我的性格的形成"等等，让被试者按照要求自由写作，从而在一定时间内有可能获得多种多样的材料。

此外，利用活动产品（如日记、书信、自传、保留的纪念品、书面作业、借书卡片等），利用教育工作者和学生家长对青少年的观察材料（如成绩单、教师日记、教师评语、教育工作经验总结等），这些都是了解青少年学生性格材料的丰富源泉。

四、性格测验法

性格测验是西方心理学界广泛采用的一种方法，近年来我国心理学界也有人采用这种方法。

性格测验的方法主要有问卷法、作业法和投射法 3 种形式。

问卷法是对受测者进行质问的标准化方法，也就是性格量表法。所谓量表是指测量性格特征用的尺度。量表中包括测验题目、题目排列次序、测验的标准答案和应用的分数等。如卡特尔 16 种性格因素量表，他根据其用因素分析找出的 16 种性格特征，分别编成 16 组，每组有十几个问题，每套测验问卷共有 187 道题［例如：我有足够的能力应付困难：（A）是的，（B）不一定，（C）不是的；在社交场合中，我（A）谈吐自然，（B）介乎 A 与 C 之间，（C）息声隐影，保守沉默；筹划事务时，我宁愿（A）和别人合作，（B）不确定，（C）自己单独进行，等等］。每道题让受测者从"是的""一定""不是的" 3 个答案中选择其中之一来回答。每题答案可分别得 0 分、1 分或 2 分，然后运用统计方法把每种性格特征所得的分加起来，并换算成标准分填在格子图表中，就可以看出受测者的性格轮廓。

性格测验量表种类很多，除上述卡特尔 16 种性格特质量表外，影响较大的还有明尼苏达多项性格量表等等。

作业测验法是让受试者进行一种简单作业，从作业的质和量，以及对作业的态度来诊断性格的方法。

投射法是让受测者面对多种含意的刺激，在不受限制的情况下，由实验者从某种角度分析、判断受测者性格特征的方法。投射法也有多种形式，在此就不一一列举了。

第二章 青少年要看清
自身性格的优缺点

人无完人，每一种性格都有它的优缺点。我们每一个人都应该充分了解自身性格的优势和弱势，努力做到扬长避短，充分利用自身性格当中的优势成就自己的事业。我们应该借鉴一切得大成者的经验：在恰当的时机和恰当的场合展现出恰当的性格特征，真正做到"让性格为我所用"。

第一节 好性格好未来

一、好性格是一生的财富

良好的性格是我们本身所具有的财富，让我们在错综复杂的人际关系网中游刃有余；良好的性格是我们内在散发的魅力，让我们在坎坷的成功道路上战无不胜。

公元前 5 世纪初，雅典西南的洛里安姆银矿场开采出一条价值连城的优质银矿脉，而且在极短的时间内，这个新矿层就产出了好几吨纯银。正因为有了这个在洛里安姆矿区外发现的"世界宝藏金银之泉"，雅典才一跃成为地中海东部的海上霸主和希腊世界的领袖。不久，雅典还成为古典时期知识荟萃、艺术生辉的中心。一个宝藏的开掘，改变了雅典的历史，铸就了西方文明的辉煌。

发现一个矿藏，可以改变一个国家的命运。挖掘出良好的性格，可以改变一个人的一生。自然界有宝藏发掘的奇迹，人本身也有内在的宝藏——良好的性格。

　　曾国藩是成功开发良好性格宝藏的典型代表，他一生的成功就是得益于方圆得体的性格。良好的性格使他处江湖之远而倍解民心，居高堂之高而深得君意。在曾国藩身上，封建士子追求的虚名与实利都得到了集中的体现。

　　曾国藩是从镇压太平天国起家的。清王朝的统治高层在对曾国藩大加启用的同时，也对曾国藩怀有防范之心。事实上，满清王朝的半壁江山已经掌握在他的手中。曾国藩心里很明白，如何处理好同清政府的关系，是自己今后命运的关键。于是，曾国藩开始了他性格转变的历程。

　　就这样，倔强刚猛的曾国藩一变而成为温厚宽容的圣相，位列三公，权倾当朝，得到了一个汉族官吏史前未有的名利和权势。

　　曾国藩曾经写过一副对联："养活一团春意思，撑起两根穷骨头。"也正是这种刚柔相济的良好性格，使他在朝野之上天地之间游刃有余。

　　释迦牟尼说：妥善调整过的自己，比世上任何君王都更加尊贵，因为良好的性格是我们一生的财富。

二、锤炼好性格

　　性格的自我修养，是指个人为了培养优良性格而进行的自觉的性格转化和行为控制的活动。自我修养是培养优良性格的必要途径，又是个人掌握自己、控制自己的必备能力。

　　每年 12 月 1 日，纽约洛克菲勒中心前面的广场，都会举行一个为圣诞树点灯的仪式。硕大的圣诞树无比完美，据说它们都是从宾夕法尼亚州的千万棵巨大的杉树中挑选出来的。

　　一位画家，深深地被圣诞树的美丽和璀璨吸引了，他带领着自己所有的学生去写生。

　　"老师，你以为那巨大的圣诞树原本就是那样完美吗？"一个中年女学生神秘地笑道。

　　画家很奇怪："千挑万选，还能不完美吗？"

　　"多好的树都有缺陷，都会缺枝或少叶，我丈夫在那里当木工，就是他用其他枝叶补上去，这些圣诞树才能这样完美啊！"

　　画家恍然大悟：一切完美都源自修补。世上的每个人，无论他多伟大多著名，都不过是那样一棵需要不断修补的树……任何性格，都是在不断的修补中日臻完善。任何人，都是在不断打磨中锤炼成才的。

使用同一种材料，一个人可能会建成宫殿，也可能会筑成茅舍，又可能会建成仓库，还可能会建成别墅。同样是红砖和水泥，建筑师可以把它们建造成不同的东西。人的良好性格也在于自我养成，不经过一番努力，良好的性格是不会自发地形成的。它需要经过不断的自我审视、自我约束、自我节制的训练。正是这种不断的努力，才会使人感到振奋，令人心旷神怡。著名科学家富兰克林年轻的时候就下决心克服一切坏的性格倾向、习惯或伙伴的引诱。为此，他给自己制定了一套包括 13 个项目在内的性格修养计划：节制、静默、守秩序、果断、俭约、勤勉、真诚、公平、稳健、整洁、宁静、坚贞和谦逊。同时，为了监督自己逐条执行这些项目，他把这 13 项内容记录在小本子上，画出 7 行空格，每晚都做一番自省工夫：如果白天犯了某一种过失，就在相应的空格里记上一个黑点。

就这样，富兰克林持之以恒，通过长年累月的自我反省、修正，终于让这些代表性格缺陷的黑点符号逐渐消失了。富兰克林晚年撰写自传时，还特别谈起青年时代培养良好性格的努力，认为自己的成就应当归功于自我节制。

自我修养在个人性格的发展过程中起着很大的作用，它是教育的补充力量，也是良好性格的发展方向。玉不琢，不成器。一个人的性格，不经过认真的自我修养，不可能自然而然地达到优良高尚的境界。伟人也罢，庸人也罢，任何人的优良性格都是在后天实践活动过程中，不断进行自我修养的结果。

三、好性格是通往成功的捷径

人类最伟大的发现之一，是人们可以通过改变自己的性格来改变自己的命运。这一发现关系到每个人的成长与快乐，它告诉我们人人都可以获得幸福和快乐，人人都可以走向成功，获得的途径就是从改变自己的性格开始。

我们每个人的命运都不是天注定的，性格也不完全是天生的。良好的性格一定是后天经过不断的锤炼与打磨形成的。

自然状态下的铁矿石几乎毫无用处，但是，经过炼造，它就可以制成优良的器具。

性格也一样，只有不停地打磨，克服不良的性格，实现性格优化的转变，才能发挥它的作用，才能帮助自己获得成功。

成功意味着赢得尊敬，成功意味着胜利，成功意味着最大限度地实现自我价值。但成功不是某些人的专利，只要你有强烈的成功意识，只要你态度积极，坚忍不拔，只要你信心十足，有崇高而坚定的信念，只要你能够发挥你的性格优势，即使你是一个"小人物"，你也能成功。成功并不偏爱某一特殊人群，成功对任何人都是平等的。约翰·梅杰被称为英国的"平民首相"。这位笔锋犀利的政治家是白手起家的一个典型。他是一位杂技师的儿子，16岁时就离开了学校。他曾因算术不及格而没能当上公共汽车售票员，饱尝了失业之苦。但这并没有压垮年轻的梅杰，这位能力非凡，具有坚强信心的小伙子终于靠自己的努力摆脱了困境。经过外交大臣、财政大臣等8个政府职务的锻炼，他终于当上了首相，登上了英国的权力之巅。有趣的是，他也是英国唯一领取过失业救济金的首相。

也许有人因为自己文凭太低而消沉，哀叹生不逢时。但每个人都有一个大脑，只要意志不倒，我们就会成功。盖茨不愿继续读完他的大学，他要干自己感兴趣的事，他成功了，他成了世界的首富。高尔基说得好，社会是一所大学。当我们融入社会，积极思考这个社会，为自己在这个社会找到坐标后，我们就有成功的可能。

普通女性能成功，残疾人能成功，农民也能成功，成功与人的身份和性别没有关系，而是与人的性格、观念、心理因素以及才能有紧密的联系。张海迪身残志坚，不屈从于命运，通过努力终于成为一个有利于社会和人民的人。她曾动过3次大手术，摘除了6块椎板，严重高位截瘫，自第二胸椎以下全部失去知觉。1970年随父母下放至西北农村——莘县十八里堡公社尚楼大队，由于当地农村缺医少药，农民常受病魔的折磨，为了缓解百姓的痛苦，张海迪自学了针灸，为百姓带去福音。1973年随父母迁到莘县后，张海迪曾有一段时间待业在家。她阅读了大量的医学专著，积累了丰富的经验，免费为病人诊治。同时，她阅读了大量的中外名著，并自学了外语，为以后文学翻译和创作打下了坚实的基础。1981年她被分配到莘县广播局当无线电修理工，1983年调至山东聊城地区文联创作室工作至今。多年以来，张海迪以保尔·柯察金的英雄形象鼓舞自己，用恒人的毅力忍受着常人难以想象的痛苦，同病残作顽强的斗争，同时勤奋地学习，忘我地工作。她自修了小学、中学的主要课程，自学了英语、日语、德语和世界语，翻译了近20万字的外文著作和资料。她还用自学医药知识和针灸技术为群众治病达1万多人次，治好了许多疑难病症，被群众誉为"80年代的新雷锋"，被团中央评为"优秀共青团员"。1992年获中国作家协会庄重文学奖。1993年张海迪获吉林大学哲学硕士学位。1994年获全国奋发文明进步图书奖长篇小说一等奖。

三百六十行，行行出状元。成功的道路千万条，就看自己选择哪一条。李素丽就是一个很好的例子，她只是一个普通的售票员，但平凡中却孕育着不平凡。她做了很多事都是普通人能做但又都没有做的事，她是名副其实的好劳模，她是一个成功者。

每个人都是一座金矿，每个人都有无比巨大的潜能，而最好的挖掘者就是自己。人生的命运就掌握在自己的手中，人生成功与否由自己决定。如果明白了这个道理，我们就不会因为自己是一个穷人，或是一个"下层人物"而怨天尤人、牢骚满腹或愤愤不平，就不会受自卑困扰、懒于行动而坐以待毙。下定决心，奋斗、拼搏、勇往直前，成功就属于自己。

每个人性格中其实都有优点和缺点。如果过分放大自己的弱点，那么你将会越来越弱。我们应该学会强调自己的优势，你就会越来越自信和成功。不要把自我想象的缺陷当成真的缺陷。多数有自卑性格的人总是把注意力放到自己身上，喜欢放大自己的缺点，总是觉得自己处处不如人，因此他们看不到成功的希望。接受自己，放大自己的优点，成功也就在不远处。很多人把自己性格上的弱点当成自己不能成功的借口，拒绝跳出自己编制的网，也就永远走不出失败的沼泽。要知道，我们每个人都能成功，都能快乐和幸福。但是我们必须学会突出自己的优势，学会将普遍意义上的缺点变成优点，加上自己的努力和智慧，成功就在眼前。

第二节　不良性格导致可怕的后果

一、坏性格的特点

"坏性格"与"好性格"相比，其差别是不言而喻的。坏性格无论对于学习、工作、生活都是有百害而无一利的，因此，有这种性格的人一定要努力改善它。

1. 任性

任性型性格的特点是：以自我为中心，爱憎分明，喜怒总是挂在脸上，从不掩饰自己的感情。这种类型的人最大的特点就是任性，只要稍有违背自己意愿的事便会使性子，不善于约束自己。其最大的缺陷也是因此造成的不顾大体，缺乏自制力。

我们接下来看看任性的惨痛代价。王安电脑公司如何破产的故事，或许能够给我们一些教训和启迪。

王安公司曾被人们称为美国最成功、最有前途的企业。创建该公司的王安博士也曾位于美国 5 大富豪之列，王安电脑的名字是何等的响亮。但曾几何时，大厦将倾。王安博士在大厦将倾之时，带着遗憾故去。其后不久，1992 年 8 月 18 日，王安公司正式向美国联邦法院申请破产保护。细加分析，可以看出导致王安公司失败的原因有三：

其一，只满足于科技本身的进步，忽视了市场需求的变化。王安公司在过去的 10 多年中，曾不断推出新产品，特别是推出了办公电脑，开创了办公自动化的新纪元。随着市场的变化越来越快，王安公司的脚步却停了下来。个人用微型电脑市场的良好前景刚一显露，IBM 公司及其他公司即紧紧盯住，迅速开发出个人用微型电脑及配套软件。一时间，个人用微型电脑在办公室和家庭迅速普及。而王安公司自傲于自有产品的科技水准，仍以中型电脑为主攻方向，结果丢掉了市场。

其二，不能及时根据用户的要求，调整产品的功能。现今用户为了使用方便，希望各种电脑能够互相兼容，以便在不同的机种上交互作业和交换资料。为适应顾客的这种要求，许多电脑公司纷纷使自己的产品能与计算机主流公司的产品兼容。而王安公司则坚持生产不能与 IBM 公司产品兼容的电脑。此外，王安公司在软件开发、售后服务和交货及时性等方面也不能满足顾客的要求，远远落后于其他公司。

其三，王安本人不能以贤举人。他利用自己拥有王安公司绝对多数股份的优势，安排 38 岁的儿子王列出任公司总裁。而王列不善经营，却又气盛，不仅未能扭转业务下滑的局面，反而气走了一位跟随王安 20 多年的销售专家。这无疑是给王安公司雪上加霜。

王安公司的悲剧，与苹果公司当年遭遇黑暗时期的原因是一样的，只不过苹果公司及时聘用了经营专家斯卡利，最终柳暗花明，开创了一个新的发展时期。而王安公司本已陷入困境，但又交给了一位经营无方的人去管理，悲剧结果也就无法避免了。

王安公司的悲剧告诉我们，无论是经营企业还是对于我们个人，孤芳自赏是非常有害的，它会妨碍人们的视野，使人们只在一个狭小的圈子里打转。对于我们的事业来讲，是有百害而无一利的。

记得王安先生曾经说过这样一段话："谁抛弃了市场，谁跟不上潮流，谁就在市场上没有立足之处，谁就注定要被市场淘汰掉。"这是多么蕴含哲理的话啊！可是后来的王安却恰恰违背了市场的规律，违背了不断进取的原则，也忘记了自己曾经讲过的话，所以也就有了之后的公司破产的悲剧。这确实值得每一个期望成就一番事业的人士深思。

2. 情绪化

这一类型性格的特点是：感情丰富、细腻，有时甚至接近于神经质。具有这一性格特点的人的意志常为情绪所左右，所以有时容易失去理智，易得罪人。但是他们大多心地善良，富有爱心，很少记仇，更不会去算计别人。缺陷是有点浮躁，缺乏稳健与踏实的作风，不易取得他人的信任。

自从改革开放以后，某厂厂长大刀阔斧地对本企业进行了一系列改革。采用了一套适应市场需要的灵活的经营方式，打破了企业内部分配的大锅饭。他的这些创举得到了政府部门充分的肯定。然而，在顺境中，他飘飘然起来，看到市场上西装走俏，利润大，未作更深入调查，便盲目决定用国家贷款再建三栋大楼，并从日本引进年产30万套西装的生产线，要把工厂办成垄断式的集团企业。

当时有人提醒他，是否应该稳妥一些，调查调查再实施，但他听不进去，并说："只要有决心，没有做不到的事。"殊不知，他的西装大楼尚未完工，服装市场上的"西装热"已经从顶峰跌到了低谷。有的顾客说我买得起穿不起，几年的熨洗费超过了衣服价。原价七八十元一套的西装大削价，降价到二三十元一套也卖不出去，造成大量积压。

厂长于是陷入了困境，他四出求援，想得到哪怕是小批量西装订单，以缓解当时资金的紧张，得到的答复是已经积压，无法再订。结果焦头烂额，四面楚歌，只好破产。

成功者之所以成功，就是他们善于把握和控制自己的情绪，做自己情绪的主人。这是我们每一个渴望成功的人都应该借鉴的宝贵经验。

3. 自负

自负型性格的特点是：孤傲，自以为是，很难接受别人的意见和建议。形成这种性格的主要原因除天生的因素外，还由于后天的成功经历造就了这种性格。一般说来，具有这种性格特征的人大多比较聪明，这也是他们武断自负的原因所在。自然地，他们很难有真正推心置腹的朋友，因为他们只需要对其言听计从的人。

美国汽车业巨子艾科卡的闻名，缘于 1983 年他使奄奄一息的克莱斯勒公司起死回生的奇迹。他据此写成的自传《反败为胜》一书被奉为西方企业家的"圣经"，当年便创下销售百万册的记录。1987 年，艾科卡又完成了一系列企业兼并或合作，先后买下了 3 家美国汽车公司，与日本三菱、法国雷诺等企业签订联盟之约。他根据这些经历所写的自传续篇《我的美国梦》一书再度引起社会轰动。然而，再辉煌的历史毕竟是历史，眼前的艾科卡就遇上前所未有的大难题。与当年每股股票价格从 6 美元猛涨至 47 美元的鼎盛之时相比，克莱斯勒公司江河日下，继 1988 年亏损 6.64 亿美元，利润锐减 2/3，1989 年的汽车销售量又下降了 12.9%，导致这家年营业额高达 400 亿美元的美国第三大汽车制造公司账面赤字高达 250 亿美元，许多工厂不得不关闭。

出现这种情况，身为克莱斯勒公司主管的艾科卡自然难辞其咎，需要对公众作出解释，尽管他把这一切都归咎于日本汽车厂商的竞争，并要求政府出面予以保护。平心而论，来自日本汽车厂商的攻势确实咄咄逼人，在美国市场的占有率已由 20 世纪 80 年代初的 19.6% 上升到 23.7%，而丰田汽车的年销售量甚至超过了克莱斯勒。但是个中原因究竟如何，人们可以从 1990 年度美国人自己进行的一次汽车评比中窥见端倪。在评选出的美国市场上的 10 种最佳轿车中有 5 种出自日本。相比之下，克莱斯勒公司不仅在最佳榜上无名，反而跌到 10 种最差轿车的行列之中，而且每辆车的平均售价还比日本车高出 750 美元。因此可以说，艾科卡当年提出的"低成本，高质量，大市场"的三大目标均未实现，这自然导致了竞争的失败。

除此之外，一些有识之士还认为，艾科卡吃亏在于过于自负和胃口过大，当年他连续兼并了美国 3 家汽车公司，虽然扩大了公司的实力，但也因此承担了一笔巨大的年金义务。克莱斯勒在90年代每卖出一辆汽车，就需从收益中拿出1000美元存入年金账户。这对克莱斯勒公司来说，无疑是一个沉重的经济负担。再加上经营亏损，使克莱斯勒公司后来两年中开发新车种所需的巨额资金没有着落，这对克莱斯勒日后恢复竞争优势十分不利。

艾科卡面临的窘境和当年的鼎盛相比，反差太大了，这种状况恐怕是当初始料未及的。

4. 犹豫

犹豫型性格的特点是：优柔寡断，犹豫不决，在重大的决策面前表现得摇摆不定，瞻前顾后，迟迟不能做出决定。而且由于本身具有的依赖性，他们会不断征求别人的意见，可是众人说法不一又让他们感到无所适从。由于他们的个性会让自己错失很多良机，也可能因此导致自己一事无成。

世间最可怜的人就是那些举棋不定、犹豫不决的人。无论大事小事，他们都要去征求他人的意见，没有自己的决断，这种主意不定、意志不坚的人，既不会相信自己，也不会为他人所信赖。

有些人简直优柔寡断到无可救药的地步，他们不敢决定种种事情，不敢担负起应负的责任。之所以这样，是因为他们不知道事情的结果会怎样——究竟是好是坏，是凶是吉。他们常常担心今天对一件事情进行了决断，明天也许会有更好的事情发生，以致对今日的决断产生怀疑。许多优柔寡断的人，不敢相信他们自己能解决重要的事情。因为犹豫不决，很多人使自己美好的想法陷于破灭。

决策果断、雷厉风行的人也难免会发生错误，但是他们总是会迈开自己的脚步，大胆地去做自己想做的事情，这要比那些做事处处犹豫、时时小心的人强得多。

所以，对于你来说，犹豫不决、优柔寡断是一个可怕的仇敌，在它还没有伤害到你、破坏你的力量、控制你一生的机会之前，你就要即刻把这个敌人置于死地。不要再等待、再犹豫，绝不要等到明天，今天就应该开始。要逼迫自己训练提高遇事果断坚定的能力，遇事迅速决策的能力，对于任何事情切不要犹豫不决。

当然，对于比较复杂的事情，在决断之前需要从各方面加以权衡和考虑，要充分调动自己的经验和知识，进行最后的判断。但一旦打定主意，就不要朝令夕改，一旦决定，就要断绝自己的后路。只有这样做，才能养成坚决果断的习惯，既可以增强自信，同时也能博得他人的信赖。有了这种习惯后，在最初的时候也许会时常作出错误的决策，但由此获得的自信等各种卓越品质，足以弥补错误决策所可能带来的损失。

主意不坚和优柔寡断，对于一个人来说实在是很致命的弱点。犯有此种弱点的人，从来不会是有毅力的人。这种性格上的弱点，可以损害一个人的自信心，也可以破坏他的判断力，并非常有害于他的全部精神能力。

果断决策的力量，与一个人的才能有着密切的关系。如果没有果断决策的能力，那么你的一生就像深海中的一叶孤舟，永远漂流在狂风暴雨的汪洋大海里，永远到达不了成功的目的地。

5. 悲观

这种类型的性格特点是：忧郁，自闭，对什么都不感兴趣，总是一副忧心忡忡的样子。对前途没有信心，因而也缺乏前进的动力和勇气。或者自暴自弃，不思进取，严重者甚至产生轻生厌世思想，阻碍他们成功的，与其说是能力、机遇与环境，倒不如说是他们自己的性格。

在我们的社会上，绝没有郁郁不乐者、忧愁不堪者或绝望者的地位。如果一个人在他人面前总是表现出郁郁不乐，就没有人愿意同他在一起，人们都会远而避之。

人类的天性就喜欢与和谐快乐的人相处，当人们看到那些忧郁愁闷的人，就如同看到一幅糟糕的图画一样让人心里郁闷。一个人不应该做情绪的奴隶，一切行动皆受制于自己的情绪，而应该反过来控制自己的情绪。无论你周围的境况怎样的不利，你也应该努力去支配你的环境，把自己从黑暗中拯救出来。当一个人有勇气从黑暗中抬起头来，面向光明大道往前走，后面便不会有阴影了。

人类成功的大敌，便是思想的不健康，便是以沮丧的心情来怀疑自己的生命。其实，生命中的一切全靠我们的勇气，全靠我们对自己的信任，全靠我们对自己有一个乐观的态度。唯有如此，方能成功。然而一般人在处于逆境的时候，或是碰到沮丧的事情时，或是处于充满凶险的境地时，他们往往会让恐惧、怀疑、失望的思想来占据自己的心灵，因而丧失了自己的意志，以致自己多年以来的计划毁于一旦。有很多人如同从井底向上爬的青蛙，辛辛苦苦向上爬，但是一旦失足，就前功尽弃。

突破困境的方法，首先要清除掉胸中那些不利于快乐和成功的负面的东西，其次要集中思想，坚定意志。只有运用正确的思想，并抱定坚定的信念，才能战胜一切逆境。

一个在思想心智上训练有素的人，能够做到几分钟内便从忧愁的思想中解脱出来。但是大多数人的通病是：不能排除忧愁去接受快乐，不能消除悲观来接受乐观。他们把心灵的大门紧紧地封闭起来，枉然费力地在那里挣扎，却没什么成效。

人在忧郁沮丧的时候，要尽量转换自己的环境。无论发生任何事情，对于使自己痛苦的问题，不要过多地去想，不要让它一直占据你的心灵，而要尽力想着最快乐的事情。对待他人，也要表现出最仁慈、最亲切的态度，说出最和善、最快乐的话，要努力以快乐的情绪去感染你周围的人。这样，思想上黑暗的影子必将离你而去，而那快乐的阳光将映照你的一生。

6. 贪婪

这种类型的性格特点是：眼中只看见钱财、名利、美色。在金钱、权力和美色的诱惑面前，总会失去正常的判断能力，轻而易举地受骗上当。贪婪使人忘却一切，甚至自己的人格，令自己丧失理智，利令智昏，做出愚蠢的行为。殊不知："人心不足蛇吞象，世事到头螳捕蝉。"

春秋战国时，郑庄公的母亲姜氏和他弟弟共叔段就是这样一个典型的例子。

春秋战国时期，郑武公娶了申侯的女儿姜代做夫人，生了寤生和共叔段两个儿子。姜代生寤生时，是难产，因此受了很多罪，也受到了惊吓，所以姜代非常讨厌这个儿子，还给他起了一个难听的名字——寤生。而共叔段自小就聪明伶俐，又长得一表人才，所以姜氏把他当作心肝宝贝，一直想立他为太子，并多次向武公请求，可是武公都没有答应，因为武公觉得立长不立幼这是祖宗留下的规矩，是天经地义的事情，所以不管姜氏怎么请求，武公还是立大儿子寤生做了太子。公元前744年，郑武公去世，寤生即位，他就是郑庄公。可是姜氏并不死心，还是想办法要让共叔段统治郑国，她首先要给共叔段争一个重要的地方，作为发展势力的根据地。一天，她向庄公请求把"制"这个地方分给共叔段。庄公知道母亲用意，他深知"制"是个险要的地方，怎么能让共叔段去统治呢？于是他对母亲解释说："'制'是个险要的地方，从前虢叔当东孚国君的时候，只是依靠'制'的山高地险，不修德政，被我们桓公消灭了。"姜氏听了很生气，庄公看母亲生气了，马上说："如果共叔段要别的地方，我一定照办。"姜氏没有办法，只好要求把京城分给共叔段，庄公虽然不想给，因为京城虽然在边境，可是个土地肥沃、物产丰富的好地方，这样的地方给了共叔段，他害怕共叔段会趁机发展自己的势力。可是母亲既然这样要求了，他只好答应了。共叔段住到京城，人们把他叫做京城大叔。母亲的宠爱，早就养成了共叔段贪婪而野心勃勃的个性。他对没能掌握郑国的大权痛恨不已，他要利用京城这块根据地发展自己的势力，将来与寤生比个高低。

然而，聪明的庄公对于姜氏的心思和共叔段的野心其实早已心知肚明。但他不动声色，仍装作毫无觉察的样子，一如既往宽厚而仁慈地对待母亲和弟弟，他心里也早就谋划好了应对的策略，要等到共叔段的野心充分暴露出来，等到时机成熟时一举消灭他。这样做不仅师出有名，而且可以名正言顺地除去觊觎自己王位的亲兄弟，同时还能得到人们的同情和道义上的支持。

庄公暗中派出许多人密切关注共叔段的动向，但庄公那些忠心耿耿的大臣们一心一意维护国君的利益，他们并不知道庄公的良苦用心，他们眼见共叔段得到了京城这块地盘，都很着急，纷纷对庄公说应该削弱共叔段的力量，但庄公却无动于衷。

共叔段到了京城之后，又要求西部和北部边境都归附于他，都要听从他的命令。郑庄公还是不动声色，共叔段以为庄公还蒙在鼓里，不免自鸣得意，更加紧扩张势力，进而把西部、北部边境划入自己的领地，把地盘一直扩展到廪延。公子吕急忙跑到庄公那儿说："现在赶快收拾共叔段吧，他的地方多了就难以对付了。"庄公却胸有成竹地说："做不义的事，没有人和他亲近，地方占得再多，也得失败。"庄公又得知，共叔段修整了城郭，准备了许多粮食，修理了作战兵器，扩充了战车和步兵，并且和姜氏约好了时间，准备袭击郑国的都城，等共叔段来的时候，姜氏就派人打开城门接应共叔段。庄公觉得消灭共叔段的时机到了。公元前722年，郑庄公派大夫公子吕率领兵车300辆，攻打住在京城的共叔段，庄公率领大军随后接应，共叔段手下人四处逃散，军队不战自溃，共叔段战败自杀。失势的姜氏，在事情败露后，也被忍无可忍的庄公囚禁，并发狠许下只能"黄泉相见"的毒誓。虽然，最后在臣子们的劝谏下母子勉强合好了，但母子间那道厚厚的心墙却是越筑越高了，毕竟那中间横亘着共叔段那永不瞑目的尸首。

贪婪让人间最美好的感情——亲情，荡然无存。

7. 畏缩

这种类型的性格特点是：做事畏首畏尾，瞻前顾后，外在的表现就是缩手缩脚，胆小怕事。他们总是无端地担心一些并不存在的问题，这必将使他们分散了太多的精力去关注那些不相干的事情，并有可能导致其事业的失败。

世间有一种最难治也最普遍的毛病就是"萎靡不振"，它往往使人完全陷于绝望的境地。

一个年轻人如果萎靡不振，那么他的行动必然缓慢，脸上必定毫无生气，做起事来也会弄得一塌糊涂、不可收拾。他的身体看上去虚弱不堪，浑身软弱无力，仿佛一碰就倒，整个人看起来总是糊里糊涂、呆头呆脑、无精打采。谁都不愿意与那些颓废不堪、没有生气的人来往。一个人一旦有了这种坏习气，即使后来幡然悔悟，他的生活和事业也必然要受到很大的打击。

遇事畏畏缩缩、瞻前顾后，无论对成功还是对人格修养都有很大的伤害。这样的人一遇到问题往往东猜西想，左右思量，不到逼上梁山之日决不作出决定。久而久之，他就养成了遇事不当机立断的习惯，他也不再相信自己。由于这一习惯，他原本所具有的各种能力也会跟着退化。

一个萎靡不振、没有主见的人，一遇到事情就习惯性地"先放在一边"，说起话来又是吞吞吐吐、毫无力量。更为可悲的是，他不大相信自己会做成好的事业。反之，那些意志坚强的人，能坚持自己的意见和信仰。如果你遇见这种人，一定会感受到他精力的充沛、处事的果断、为人的勇敢。这种人认为自己是对的，就大声地说出来，遇到确信应该做的事，就尽力去做。

对于世界上的任何事业来说，不肯专心、没有决心、不愿吃苦，就绝不会有成功的希望。获得成功的唯一道路就是下定决心，全力以赴地去做。

整天总是无精打采、处理事情拖泥带水的人，从来无法给别人留下好的印象，也就无法获得别人的信任和帮助。只有那些精神振奋、踏实肯干、意志坚决、富有魄力的人，才能在他人心目中树立起信誉。不能获得他人信任的人是无法成功的。

世界上有很多人都埋怨自己的命不好，别人为什么容易成功，而自己却一点成就都没有呢？其实，他们不知道，失败的原因在于他们自己，比如他们不肯在工作上集中全部心思和智力；比如做起事来，他们无精打采、萎靡不振；比如他们没有远大的抱负，在事业发展过程中也没有排除障碍的决心；比如他们没有把全身的力量集中起来，汇成滔滔洪流。

以无精打采的精神、拖泥带水的做事方法、随随便便的态度去做事，不可能有成功的希望。只有那些意志坚定、勤勉努力、决策果断、做事敏捷、反应迅速的人，只有为人诚恳、充满热忱、朝气蓬勃、富有思想的人，才能把自己的事业带入成功的轨道。

综上所述，持久的勇气对品格的形成极为重要，它不仅是有意义生活之源，而且是幸福生活之源。相反，胆怯、懦弱的性格，乃是人生的最不幸之一。聪明的人总是说，他教育子女的主要目标之一便是训练他们无所畏惧的习惯。无疑，无所畏惧的习惯，也能像其他习惯，诸如专注的习惯、勤奋的习惯、快乐的习惯一样，通过良好的训练培养出来。

8. 狭隘

这种类型的性格特点是：不自量力，妄自尊大。嫉妒心强，常常嫉妒别人的才干和能力；心胸狭窄，常常为了一些非原则的、不值得一提的小事斤斤计较；报复心强，常常采用极端的报复手段，使得报复这把双刃剑既伤害了对方，也伤害了自己。

在战国时期，秦国的宰相李斯就是这样的一个典型。他集大学者、大权谋家、大政治家于一身。但他的心胸非常狭窄、善妒，有着极强的权力欲。这在司马迁的《史记·李斯列传》中就有记载。

李斯经过自己的一番打拼在秦国站稳了脚跟，秦王也更加信任他，步步高升，前途无可限量。这时，李斯的同学韩非也来到了秦国，这对李斯来说，是个极大的挑战。

韩非是韩国人，韩王的同族。他学识渊博，思维敏捷，是战国末期的一位大思想家。他的学说发展了荀子思想中"法治"一面，同时把慎到的"势"、商鞅的"法"、申不害的"术"结合起来，形成了一套较为完整的君主专制理论。他著作极丰，先后写出《孤愤》《五蠹》等文著。传到秦国后，秦王见而惊呼，大喊："我若是能见到此人，和他交游，死而无憾。"后来秦国攻打韩国，形势危急，韩王不得不起用韩非，让他出使秦国。就这样，韩非来到了秦国。

韩非的到来，无疑对李斯构成了极大的威胁。李斯明白，不论是学术能力还是政治外交能力，自己都远不如韩非。现在秦王把他留下，是否重用，还未决定，一旦重用，自己就不会再有出头之日。李斯善妒的心理让他不顾一切，为了个人的功名利禄，必须及早除掉韩非。他对秦王说："韩非是韩王的亲族，大王现攻打韩国，韩非自然不会同意，爱韩不爱秦，这是人之常情。"秦王说："既然不能用，那就放走吧！"李斯的目的是要赶尽杀绝，他又对秦王说："如果放他回韩国，他定会为韩国出谋划策，这对秦国十分不利。不如趁他羽翼未成之时将他杀掉。"秦王听信了李斯的话，李斯就送给韩非毒药，令他自尽。韩非深知李斯善妒、狭隘的个性，是绝对不会对自己网开一面的，就饮毒自杀了。

李斯的确很有能力，但善妒的性格也让他容不得别人。只要与自己意见不同的人，李斯总会想办法来对付他的。淳于越也是个很有能力的人，他一再上书坚持实行分封制，激怒了秦始皇，秦始皇把他交给李斯处理。而李斯审查的结果，认为淳于越泥古不化、厚古薄今、以古非今等罪状全是由于读书尤其是读古书的缘故，竟建议秦始皇下令焚书。按照李斯的规定，凡秦记以外的史书，包括诗、书、百家语等都要统统烧掉，只准留下医药、卜筮、种树之书。此后，如果有人再敢谈论诗书，就在闹市区处死，并暴尸街头；有敢以古非今的人，全族处死；官吏知道而不检举者，与之同罪；下令30日仍不烧书者，面上刺字，并征发修筑长城。毫无疑问这是对中国文化的一次大摧残。在焚书的第二年，即公元前212年，秦始皇对书生进行了一次更大的迫害。他下令将咸阳的儒生460多人活埋，即为"坑儒"事件。

"焚书坑儒"是中国历史上的重要事件，不仅给中国文化造成了极大的损失，也是对人类文明的一次极大的污辱，是对人的尊严的残酷迫害。这件事固然与秦始皇的暴政主张分不开，但李斯出于个人的目的而借题发挥乃至无中生有，也确实起了推波助澜的作用。在今天看来，李斯之所以这样做，一方面是为了迎合秦始皇的心理，把秦始皇所要做的事情推向极端；另一方面恐怕也是为了从精神到物质上彻底消灭自己的竞争对手，使天下有才之士望秦却步，李斯也就可以独行秦廷了。

李斯的目的应该说是达到了，但作为学者出身的李斯，竟能如此背叛文化、残害文化，实可谓良知泯灭，天良丧尽。

公元前210年，秦始皇病死于出巡途中，赵高和李斯串通害死了太子扶苏，扶胡亥继位。赵高和李斯本是相互利用的关系，日后的勾心斗角、排除异己也就势在必然。那么李斯、赵高势必有一人死，一人生。而李斯哪是赵高的对手，平时又不善于结交，关键时刻哪有人出来为他讲话，终被赵高用计陷害下了狱。

胡亥令李斯受五刑、诛三族。李斯的子弟族党一并逮至市曹。李斯哭着对次子说："我想和你再牵着黄犬，出上蔡东门，追捕狡兔，已不可能了！"李斯身受酷刑而死，其余族党被一并处斩。

由此可见，善妒、狭隘的性格不但害己，而且还会连累别人遭殃。这样的性格足以毁掉一个人，希望后人都能警醒并以此为鉴。

9. 奢华

这种性格的特点是：爱面子，讲排场，即使囊中羞涩也要硬充大款。一旦发迹之后更是极尽奢华之能事，大有千金散尽还复来的派头。这种性格必将成为其创业之初的最大障碍。

有许多年轻人每月可以赚很多的钱，但拿到之后总是花个精光，他们从来不愿存一分钱。染上了这种习气的年轻人如果不思悔改，到了晚年，一定不会剩下几个钱，他们晚年的景象可能会很凄凉！

许多年轻人往往把他们本来应该用于发展他们事业的必备资本，用到抽烟喝酒、舞厅、戏院等无聊的地方。如果他们能把这些不必要的花费节省下来，时间一长一定大为可观，可以为将来发展事业奠定一个资金上的基础。

很多人脑子里没有节约的意识，花钱如流水一般，胡乱挥霍。这些人似乎从不知道金钱对于他们将来事业上的价值。他们胡乱花钱的目的好像是想让别人说他一声"阔气"，或是让别人感到他们很有钱。

当他与女友约会时，即使是在隆冬季节，他也非得买些价格很贵的鲜花不可。他却从来不曾想到，要这样费尽心机、花费钱财追来的老婆，将来绝不会帮他积蓄钱财，而必定是花钱如流水、挥金如土。

这样的人一旦用钱把脸面撑起来后，一切烦恼苦闷的事情就会接踵而至。为了顾全面子，他们就再也不能过节俭日子了。他们也不会认识到自己已经沦落到什么样的地步了。有些人入不敷出以后，就开始动歪脑筋，甚至挪用公款来弥补自己的财政缺口，久而久之，耗费愈大亏空也就愈多，慢慢地就陷入了罪恶的深渊，难以自拔。到了这时，他才想到自己不该胡乱花费，不该因此干那些违背天理良心的事情，不该挪用公款，可是为时已晚！为了满足这种爱慕虚荣、讲排场的恶习，不知有多少人到头来要挨饿，甚至有很多人因此丢了性命，更有无数人因此而丢失了职位！

当然，节俭不等同于吝啬。可是，即使是一个生性吝啬的人，他的前途也仍然大有希望，而一个挥金如土、毫不珍惜金钱的人，他的一生可能将因此而断送。不少人尽管以前也曾经刻苦努力地做过许多事情，但至今仍然是一穷二白，主要原因就在于他们没有储蓄的好习惯。

有一类人，年轻时从来不存钱，人到中年以后仍然是不名一文。万一丢掉了职业，又没有朋友再去帮助他，那么他就只好徘徊街头，无所着落。他要是偶然遇到一个朋友，就不断地诉苦，说自己的命运如何不济，希望那个朋友能借钱给他。这样的人一旦失业找不到工作就很容易弄到穷困潦倒的地步，甚至在寒冬沦落到可能会挨冻而死的地步。他之所以吃这样的苦头，就是因为不肯在年轻力壮时储蓄一点钱。他似乎从来没有想到过，储蓄对他会有怎样的帮助，也从来不懂得许多人的幸福都是建立在"储蓄"两个字之上的。

为什么有那么多人如今都过着勉强糊口的生活呢？因为这些人不懂得，以前少享些安乐、多过些清苦的日子。他们从来不知道去向那些白手起家的伟大人物学一学；他们从来不懂得什么叫自我克制，无论口袋里有多少钱都要把它花得分文不剩；他们有时为了面子，即使债台高筑也在所不惜。

一个人有挥金如土的毛病是不会成就什么大业的，挥霍无度的恶习恰恰显示出一个人没有大的抱负、没有希望，甚至就是在自投失败的罗网。这样的人平时对于钱的出入收支从来漫不经心、不以为然，从来不曾想到要积蓄金钱。

如果要成功，任何人都要牢记一点：对于钱的出入收支要养成一种有节制、有计划的良好习惯。

二、别被自己打败

很多人一生都一直游移不定，没有任何实际目标可言，他们惧怕真正面对生活，害怕挺身而出、承担责任，到头来年华虚度。他们把自己判入终身的心理牢笼之中，一辈子都在做自己的奴隶而浑然不觉。

很多人认为自己在公司里受到老板和上司的压榨和奴役，事实上，真正压榨和奴役他的不是老板和上司，而是他自己。这些人整天抱怨，说自己像一个奴隶一样被人奴役。长此以往，他就会产生极度不平衡的心态，真正地变成一个奴隶。

做奴隶是自己选择的，而不是其他人强迫的。这些人之所以会选择当奴隶，是因为他们不知道如何获得解脱，获得自由。

那如何使自己摆脱奴隶的桎梏呢？首先应该培养高贵的人品。在抱怨自己是他人的奴隶之前，先看看自己是否是自己的奴隶。

敢于反省自我，敢于正视自己的心灵，不要对自己放宽要求，我们一定会发现，自己的心里隐藏着很多猥琐的思想和欲望以及不加思考就顺从的习惯或者行为，这些东西在自己平时的行为中比比皆是。改正这些缺点，不要再做自己的奴隶，这样就没有人能奴役我们。一旦战胜了自我，我们便能克服所有的逆境，困难也就迎刃而解了。

努力摆脱自私与狭隘的思想，去追求无私和永恒的境界，摆脱自己是受害者的错觉，试着去深入了解自己的内心，我们就会进一步认识到，伤害自己的其实就是自己。

在我们的现实生活中，人最大的敌人并不来自于外部，而是来自于自己的内心。别人轻易不能打败你，倒是你自己最容易被自己打败。我们要做自己的主宰而不要做自己的奴隶。正像歌德所说的："谁若游戏人生，他就一事无成，谁不能主宰自己，永远是一个奴隶。"

第三节　充分发挥性格的特长

一、开发性格中的积极性

性格特征中的积极性是指一个人的性格特征与社会文明和伦理进步的一致性及其对一个人精神活动的推动力。有人对享有盛誉、成就卓著的林肯、爱因斯坦、詹姆斯、罗斯福等人的性格特征进行过研究，发现如下特征是他们的共性：尚实际、有创见、结知交、重客观、崇新颖、求善执著、爱生命、重荣誉、能包容、富幽默、悦己信人。这些性格特征对他们确立造福于人类的信仰，并支持他们始终如一地为实现信仰而奋斗，起到了重大作用。

所以，一个人要想成就一生的幸福，就必须以积极的心态面对世界，以积极的心态做人做事，以积极的心态指导自己的人生走向。

在人的一生中，积极的心态是一种有效的心理工具，是你能够看透自己的必备素质。我们怎样对待生活，生活就怎样对待我们；我们怎样对待别人，别人就怎样对待我们。

"心态失衡是现代人常被击垮的一个性格弱点，因为他们无法从消极心态过渡到积极心态。这种失衡性格成为一个时代的疾病。"皮鲁克斯在《现代人性格何以失衡》一书中这样说："积极的心态是种力量，如果一个人有信心、求希望、有诚意、善关爱、肯吃苦，而不是悲观、失望、自卑、虚伪和欺骗，那么这种人的个性就是令人欣赏的，同时也是他成大事必不可少的良好品质。"

事实上，心态如何在很大程度上决定了我们人生的成败。

在美国，一位叫塞尔玛的女士内心愁云密布，生活对于她已是一种煎熬。她随丈夫从军，没想到，部队驻扎在沙漠地带，住的是铁皮房，与周围的印第安人、墨西哥人语言不通；当地气温很高，在仙人掌的阴影下都高达48.9℃；更糟的是，后来她丈夫奉命远征，只留下她孤身一人。因此她整天愁眉不展，度日如年。我们能想象她内心的痛苦，就像我们自己也会经常碰到的那样。怎么办呢？无奈中，她只得写信给父母，希望回家。

久盼的回信终于到了，但拆开一看，使她大失所望。父母既没有安慰自己几句，也没有说叫她赶快回去。那信封里只是一张薄薄的信纸，上面也只有短短几行字：

"两个人从监狱的铁窗往外看，一个看到的是地上的泥土，另一个看到的却是天上的星星。"

她开始非常失望，还有几分生气，父母回的怎么是这样的一封信?！但尽管如此，这几行字还是引起了她的兴趣，因为那毕竟是远在故乡的父母对女儿的一份关切。她反复看，反复琢磨，终于有一天，一道闪光从她脑海里掠过，这闪光仿佛把眼前的黑暗完全照亮了，她惊喜异常，每天紧皱的眉头一下子舒展了开来。

原来从这短短几行字里，她终于发现了自己的问题所在：她过去习惯性地低头看，结果只看到地上的泥土。而我们生活中一定不只有泥土，一定会有星星！自己为什么不抬头去寻找星星，去欣赏星星，去享受星光灿烂的美好世界呢？她这么想，也真开始这么做了。

她开始主动和印第安人、墨西哥人交朋友，结果使她十分惊喜，因为她发现他们都十分好客、热情，慢慢都成了朋友，印第安人、墨西哥人还送给她许多珍贵的陶器和纺织品作礼物；她研究沙漠的仙人掌，一边研究，一边做笔记，没想到仙人掌是那样的千姿百态，那样的使人沉醉着迷；她欣赏沙漠的日落日出，她感受沙漠中的海市蜃楼，她享受着新生活给她带来的一切。慢慢地她真的找到了星星，真的感受到了星空的灿烂。她发现生活一切都变了，变得使她每天都仿佛沐浴在春光之中，每天都仿佛置身于欢笑之间。她回美国后，塞尔玛根据自己这一段真实的内心历程写了一本书，叫《快乐的城堡》，引起了很大的轰动。

塞尔玛在沙漠从军的生活经历使她前后简直判若两人：一个是无限的痛苦，一个是不尽的欢乐；一个是阴雨连绵，一个是阳光灿烂。沙漠没有变，铁皮房没有变，仙人掌阴影下的高温没有变，印第安人、墨西哥人没有变，这一切都没有变，那变的是什么呢？

显然变的是她的内心，是她内心习惯性的思维方式。过去她习惯性地选择看泥土，选择事情的消极一面；后来她习惯性地选择找星星，选择事物的积极一面。其他什么也没有变，变的就那么一点点。但就这么一点小小的变化，带来的结果却大相径庭：一个痛苦，一个快乐；一个失败，一个成功。

二、心胸狭窄会扼杀机会

性格上的缺陷，是阻碍你走向成功的绊脚石。假如不能很好地克服，就难以获得成功。

刘洋原本是一名中学教师，他参加了某区的处级领导公开选拔考试，以优异的成绩被录用，年纪轻轻就当上了某街道办事处的城管副主任。由于在基层工作的实践经验较少，有些事情常常处理得不太妥当，但是大家都很体谅他，觉得他还是很有能力的，只要锻炼一阵子就会很称职了。一次，上级要来检查工作，考虑到事关紧急，城管科的同志就没有通过刘洋这位分管领导，而直接向街道主任做了汇报和请示。小李得知后，心中很不满意，继而开始怀疑街道里的同志嫉妒自己，有排外迹象等等，从此他与同志们的关系就紧张了起来。慢慢的，大家对他的疑神疑鬼也逐渐有了看法。一年试用期届满的时候，他终因考察不合格而未被正式任用。

心胸狭窄的性格缺陷使得好不容易考取的职位转眼间又化为了泡影。作为一个基层领导，尤其要懂得宽宏大度，即使别人对自己真的有什么议论，也不必放在心上，这样不至于让自己太孤立从而错失良机。

三、给自己创造机会

一个强者，总能创造出成功的契机。因为强者总是以无所畏惧的姿态活跃于社会的各个层面，在不知不觉中就成了创造机会、发现机会、利用机会的专家。

在当今世界经济界，几乎无人不知比尔·盖茨。他年轻时原是身无分文的穷学生，却几乎是一夜间成长为世界首富，其机遇正是来自于智慧。

比尔·盖茨1956年出生于美国西雅图郊外的华盛顿湖畔。母亲玛丽是一位社会活动家，父亲是一位著名的律师。

小盖茨从小酷爱读书，他所买的书不全是童话和小人书，而以成人作品居多。他最喜欢连续几个小时阅读《世界图书百科全书》，其热情和兴趣非常人能比。

1972年，盖茨和艾伦创立了交通数据公司。1973年秋，盖茨考入哈佛大学，被获准同时攻读本科和研究生课程，允许任意选修数学、物理和计算机的课程。在此之前，盖茨被公认为是数学天才，他也曾一度想成为一名数学家，但到了哈佛之后，他很快发现有人比他还有数学天分，这曾使他感到沮丧。于是，一门心思钻研电脑，认定这是自己的生财之道。这期间，他同艾伦一起编制了BASIC程序。这一成功使盖茨和艾伦非常高兴。盖茨心中豁然开朗，他意识到他真正的兴趣在于计算机，他的使命在计算机，他的未来在计算机。从某种程度上讲，他来到世界就是为了开创一个新的产业，为人类开辟一个新的天地。后来，在艾伦三天两头的劝说下，盖茨动摇了读完哈佛的信念，在大三时退学，与艾伦一起创办了微软公司。

随着微软的发展，盖茨大力网罗人才，公司的业务越来越好。在此基础上，盖茨确定了向"应用软件"进军的企业发展战略，从而使微软产品成为软件产品行业的标准。

1986 年 3 月 13 日上午，微软股票正式上市，开盘价 25.17 美元，立即成为抢手货。一年后，微软股票已冲至每股 90.75 美元，31 岁的盖茨因其持股而成为亿万富翁。

1995 年，美国《福布斯》杂志把盖茨列为该年度世界十大富豪之首，在计算机世界的搏击中，他聚集了近 400 亿美元的巨额资产。他拥有的不仅是资财，更重要的是他领导并开创了个人电脑领域的新篇章，他是我们这个时代的爱迪生和福特。

盖茨最喜欢的一句名言："即使把我全身剥光，一个子儿也不剩，扔在沙漠中心，但只要有两个条件——给我一点时间，并让一支商队路过，不需多久，我又会成为亿万富翁。"

比尔·盖茨的巨额财富，让人产生深深思考。劳动创造财富，这是自古至今人人皆知的道理，令人感兴趣的是这种迅速扩大的财富来源。它没有大规模的生产，没有大规模的原材料消耗，没有大规模的产品堆积，它拥有的资源是知识和人的智慧。"开发部"是微软的核心，每个人拥有一个大约只有 5 平方米的办公室，除了一把椅子和 4~5 台电脑外，几乎见不到其他任何东西；它所进行的国际贸易基本是无形的，但价值与作用却难以描述。它的用户散布到世界各地，数以百万计，而且还在日益增加。

盖茨作为世界首富，他的成功，说明现代社会是智慧创造财富，而不是机器、设备、原材料创造财富。盖茨能积极地创造机会，顺应并推动时代的发展，这也是他能走向成功的一个重要因素。

一个机遇巨浪涌来，有人乘浪头扶摇直上，有人仍旧停留在波浪的谷底。随着机遇的翻滚，人际之间，财富的多寡、身份的高低，不断在发生变化。机遇每来一次，社会的面貌就改写一次。

机遇影响一个人的升沉起伏，同时也在重新划分人际之间高低上下的地位。

个人的成功，需要依靠当事人长期刻苦奋斗，侥幸成功的事例毕竟不多。因此，我们不宜过分夸大机遇的重要性。另一方面，社会面貌的变化，是政治、经济、社会各种变化交互作用的结果，有着甚为复杂的因素。

培根指出："智者所创造的机会，要比他所能找到的多。"其实，在主动进取的人面前，机会完全是可以"创造"的。如果只是消极等待机会，那是一种图侥幸的心理。

人不仅要把握机遇，更要千方百计地创造机遇。走向成功的人，绝不是一个逍遥自在、没有任何压力的观光客，而是一个积极投入、持之以恒的参与者。善于制造机遇，并张开双臂迎来机会的人，最有希望与成功为伍。积极创造机遇，也正是现代人必须具备的人生态度。

机遇是创造主体主动争取来的，主动创造出来的，它绝非上苍的恩赐。机遇是珍贵而稀缺的，又是极易消逝的。你对它怠慢、冷落、漫不经心，它也不会向你伸出热情的手臂。主动出击的人，易俘获机遇，守株待兔的人，常与机遇无缘，这是普遍的法则。你若比一般人更显出主动、热情，机遇就会向你靠拢。机遇总是眷顾善于进攻、有挑战性格的人。

第四节　正确看待性格中的弱点

一、把脉自己的性格

罗杰·安德生说："每个人的性格都有优点和缺点。一味去弥补自己性格缺点的人，只能将自己变得平凡；而发挥自己性格优点的人，却可以使自己出类拔萃。"

一个人的性格特征将决定着其交际关系、婚姻选择、生活状态、职业选择以及创业成败等等，从而根本性地决定着其一生的命运。如果将一个人比作一栋大厦，那么性格就是这座大厦的钢筋骨架，而知识和学问等则是充斥于骨架中的混凝土。钢筋骨架决定着大厦能建成高耸入云的摩天大楼还是低矮的简易楼房，性格决定着你的一生是悲剧连连、平平庸庸还是建功立业。每个人的人生道路都不可能是一帆风顺的。外部环境不顺利时，要学会充分地调节自我的情感，及时调整好情绪。一旦学会利用性格的优点，避免性格的缺点，你的人生就有可能立于不败之地。

既然性格决定着一个人一生的命运，那我们就要正视自己的性格缺点，合理地利用自己的性格优点，这样才能达到成功的顶峰。不能正视自己性格缺点的人，只能在成功的脚下徘徊。我们可以列举出自己身上一长串性格的优点，也可以列举出一系列性格的缺点。然而性格的优点和缺点，就像一个硬币的两面，它们相互依存、相辅相成，谁也不可能离于谁。"最大的长处所在，往往也是最大短处的根源；最大优势的发挥，常常暴露出最大的劣势。"每个人只有看清自己的优点，明白自己的缺点，善待自己，不断地完善自己，才能取得成功。

知道了性格优劣及价值的悬殊后，我们就应将目光投向自己的性格深处。

人类一方面贵为"万物之灵"，是大自然的最高主宰者，另一方面，人类也是有弱点的。19世纪墨西哥版画家阿波萨特创作过一幅题为《七种不应有的恶习》的版画，画面上有7只魔鬼般的动物，张牙舞爪地扑向一个人。这7只动物分别代表懒惰、妒忌、谗言、骄傲、酗酒、发怒、吝啬7种恶习。其实，人类的恶习远不止这些，常见的还有愚昧、粗心、粗鲁、懈怠、轻佻、胆怯等等。

人的性格总会表现出二重性——既有优点，又有缺憾。人生的组合总会表现出许多矛盾，性格中相反的两极总是在互相抗争，积极因素如果战胜了消极因素，这个人便表现为良好的性格；反之，就会表现为低劣的性格。每个人的性格都是极其丰富和复杂的，一个人对世界的认识很大程度上是从自我认识开始的。及时为自己的性格会诊，将使你张扬性格中的优点，舍弃或弥补性格中的缺憾，才会拥有更圆满的人性和人生。

与诗人歌德同时代的克乃勃尔这样评价歌德："我很清楚，他不是完全可爱的。他有许多令人不快的方面，我也曾领略过。但他这个人整体的总和是无限好的。"尽管歌德的内心充满矛盾冲突，但他的每一种心态总是积极的、善意的。因此，歌德不仅是一个好人，甚至是一个伟大的人，虽然他称不上完美。

每一个热爱生活的人都应该使性格中积极的一面处于上风，并努力减少性格中的负面因素，只有这样才能使生活呈现无限的亮色。

不同的性格有不同的优点，同时，不同的性格也包含着不同的弱点。

人的每一种性格不可能是完美的，总会有这样那样的"毛病"，因此，及时为自己的性格会诊是非常必要的。这个世界上的人没有最好的性格，只有更好的性格。你只有不断对自己的性格扬弃和优化，才会赢得理想的人生。

二、发挥自己的长处和优点

一旦你选择突出自己的长处和优点，自卑的性格便会消失，一种强而有力的能力便会取代你的缺陷及弱点。这就是性格原理！

自卑性格是许多悲剧的根源所在。我们希望像他人那样去生活，买漂亮的衣服，像他人一样无拘无束地说话，做自己想做的事。我们将自我置于别人的人格之下，批判自己，无限夸大别人的能力，这种夸大又反衬出自己的渺小，这是伤害自我的致命武器。我们会觉得自己的人格极不完善，有各种各样的缺点和不足，而别人却完美无瑕，显得沉着自信。这种感觉是极其荒谬的。

有些人沉沦在自卑感的迷雾中，渴望自己是坚强的、睿智的、成功的；在平凡的日子里创造了不平凡的生活；拥有幸福的家庭、蒸蒸日上的事业和很高的名望；受到别人的尊重和热爱。而其实，他不知道自己却戴着有色眼镜，透过茶色的镜片来看自己，这难道不是很可悲吗？

有自卑性格的人是这样：自己瞧自己不顺眼，自己总觉得矮人一头，这就是自卑。当然这"不顺眼""矮一头"都是以别人为参照的："我皮肤黑"，是和别人比而显得"黑"；"我个儿矮"，矮是相对于高而言的；"我眼睛小"，世界上有许多大眼睛的人，才衬托出了"小"。这些和别人不一样的地方，实实在在摆在那里，让你藏不了、躲不了、否不了、忘不了，于是你有了自卑的理由。你可怜自己又恨自己，于是耗费大量的心理能量和时间精力，企图去改变那些和别人不一样的地方，但却常常成效甚微。

不管你承认与否，自卑者面对生活缺乏勇气，不能与强大的外力相抗衡，致使自己在痛苦的陷阱中挣扎。有谁愿意成为一个自卑性格的人呢？大概没有。所有在实际生活中说自己为某事而自卑的朋友，都认为自卑不是好东西。他们渴望着把"自卑"像一棵腐烂的枯草一样从内心深处拔出来，扔得远远的，或者把自卑重重地摔在地上，从此挺胸抬头，脸上闪烁着自信的微笑。

自我贬低很容易使人自卑，并且自弃。

为什么许多人会深陷于自卑情绪中而痛苦呢？心理学家告诉我们，人类性格中最常见的弱点之一便是他们并"不想要成功"。沿着这条思路发展下去，他们认为成功是一件危险的事，因为要保持成功的地位，必须付出更多的代价。所以，他们便故意或者无意地强调自己的弱点，显示出不如他人的样子。

克服自卑心理有时要用精神胜利法。精神胜利法能使自卑转化为自信，使失衡的心理得到平衡。

伊索寓言里的那只狐狸用尽了各种方法，拼命地想得到高墙上的那串葡萄，可是最后还是失败了，于是只好转身一边走一边安慰自己："那串葡萄一定是酸的。"

这只聪明的狐狸得不到那串葡萄，心里不免有些失望和不满，但它却用"那串葡萄一定是酸的"来解嘲，使失望和不满化解，使失衡的心理得到了平衡。

人的一生，谁都难免会有失误，谁身上都会有缺陷，谁都难免会遇上尴尬的处境。有的人喜欢藏藏掖掖，有的人喜欢辩解。其实越是藏藏掖掖，心理越是失衡；越是辩解，却会越辩越丑，越描越黑。最佳的办法是学会从精神胜利法中解脱自己，从失衡中找回自信。

三、做自己最喜欢和最擅长的事

很多年前，一位名人讲过一句话："你一定要做自己喜欢做的事情，才会有所成就。"

很多人在寻找工作的时候，却不知道自己要做什么，或是做一些自己不喜欢做的事。

有一位机械师不喜欢自己的工作想转行，却迟迟下不了决心，因为他已经学了二十几年的机械，如果突然换一份其他工作，会感到很不适应，尽管不喜欢，却无法抛开积累20多年的机械专业知识。

他想改变，但又抛不开过去的包袱，自然无法突破。

这是个矛盾，既然知道自己再继续做下去也不会有兴趣，就应该果断地做出决定：转行！做自己喜欢的事情毕竟是令人兴奋的，也更容易激发自己的想象力和创造力，并最终取得卓越成就。

每个人都必须当机立断，去做自己喜欢做的事情，当知道自己已经走错方向时，就要及时地掉转头，朝正确的方向走，才会达到理想的目的地。如果明知错了还要继续走，最终会一败涂地。

要改变自己目前的状况，要让自己更有自信，要让自己做事更有成效，我们就必须做出更好的决定，采取更好的行动。

做你自己喜欢做的事情，其实是很困难的。大多数的人，多半都在做他们讨厌的工作，却又必须逼自己把讨厌的事情做到最好。他们经常失去动力，时常遇到事业的瓶颈，而没有办法突破，他们不断地征求别人的意见，却还是照着一般的生活方式进行，凡事没有进展，原地踏步。这些当然不是他们想要的，但是由于种种原因，他们当中却很少有人试着去改变自己的状况。其实，要找到自己真正喜欢的工作，只需要把自己认为理想和完美的工作条件列出来就一目了然了。

你的才能就是你的天职。你能做什么？这是你对自己最好的质问。如果一个人位置不当，用他的短处而不是长处来工作的话，他就会在永久的卑微和失意中沉沦。反之，如果选择长处来工作的话，则会发挥无限潜能因而成功，以下几个典型故事就印证了这一点：

"瓦特！我从来没有看见过像你这样懒的年轻人。"瓦特的祖母说，"念书去吧，这样你会有用些。我看你有半个小时一个字也没念了。你这些时间都在干什么？把茶壶盖拿走又盖上，盖上又拿走干什么？用茶盘压住蒸汽，还加上勺子，忙忙碌碌。浪费时间玩这些东西，你不觉得羞耻吗？"

幸亏这位老夫人的劝说失败了，全世界都从她的失败中受益不浅。

多年前，有一位男孩愿意牺牲一切，只为了成为一名歌剧演员。他的父母花钱让他上课，就像如今的父母，花钱让小孩上音乐课、舞蹈课一样。但是经过几年的练习之后，他的老师对他能成为职业演唱家不抱任何希望。"孩子，"老师告诉他，"你的声音听起来就像风吹着百叶窗！"

然而，男孩的母亲相信她的孩子。因为她曾经热切参与他的演唱会，每天在房间里倾听他认真练习。因此，她送他到另一位更有经验的老师那儿学习。为了支付儿子的学费，她没钱买新鞋——有时甚至挨饿。这名男孩就是卡罗素，后来他成为了那个时代最伟大的男高音——因为他的母亲倾听他的心声，引导他发展天赋。

伽利略是被送去学医的，但当他被迫学习解剖学和生理学的时候，他学习着欧几里得几何学和阿基米德数学，偷偷地研究复杂的数学问题。当他从比萨教堂的钟摆上发现钟摆原理的时候，他才18岁。

英国著名将领兼政治家威灵顿小的时候，连他母亲都认为他是低能儿。他几乎是学校里最差的学生，别人都说他迟钝、呆笨又懒散，好像他什么都不行。他没有什么特长，而且想都没想过要入伍参军。在父母和教师的眼里，他的刻苦和毅力是唯一可取的优点。但是在 46 岁时，他打败了当时世界上除了他以外最伟大的将军拿破仑。

再也没有比一个人的事业使他受益更大的了。事业磨炼其肌体，增强其体质，促进其血液循环，敏锐其心智，纠正其判断，唤醒其潜在的才能，迸发其智慧，使其投入生活的竞赛中。

从这些典型例子中我们可以得出：在选择职业时，你不要考虑怎样赚钱最多、怎样最能成名，你应该选择最能使你全力以赴的工作，应该选择能使你的品格发展得最坚强和最善团结人的工作，应该选择与你的个性最吻合的工作，应该选择最能让你发挥无限潜能的工作。

第五节　如何优化性格

一、优化性格需要循序渐进

莎士比亚说："金字塔是用一块块石头堆砌而成的。"优良性格的形成需要一个长期渐进的过程，不良性格的克服也需要长期不懈的努力。性格是一种相当稳定的个性特征，这种稳定性特点决定了性格的形成和转化只能是一个缓慢的渐进过程。无论是克服不良性格，还是塑造优良性格，都必须遵循循序渐进的规律。

有的人在发现自己的性格弱点后，想经过一阵子的努力就使不良性格完全转化过来。经过几次努力没能如愿，就容易由急躁走向灰心，失去继续进行性格培养的信心。半途而废的原因，在于他们对性格的稳定性缺乏了解，对性格的转化过程缺乏认识。

性格是在环境、教育等各种内外因素长期作用下逐步形成的。一种长时期缓慢形成的东西，怎么能够设想在较短时间内一下子变过来呢？克服一种不良性格，必须进行长期不懈的努力。忽视性格缓慢的渐变过程，想使不良性格在短时间内一下子来个转变，虽然从表面上看有时也能奏效，但实际上这种转变很不稳固，转变快，反复也快。比如一个怠惰的人，在他下决心克服自己的怠惰之后，在较短时间内变得勤快起来是比较容易做到的。但这种变化并不能说明他已真正克服了怠惰的性格，因为怠惰的劣根性在他身上依然存在，只要一放松控制，还会故态复萌。有的怠惰者在环境艰苦时，也能表现出很强的吃苦精神，但一到条件转好，就又变得怠惰起来。因此，我们不能把性格修养看成是只要经过努力就能立竿见影的事，不能因为不良性格暂时在行为上消失了，就认为改变性格的任务已经完成了。必须老老实实地把性格改变看作一个相当长的过程，持续努力，求得性格逐步的、缓慢的，然而却是稳固的、扎扎实实的转变。

比如，急躁易怒的人，性格培养的第一步应当是先设法克制火气，在将要发火时使自己冷静下来。即使克制火气时，呼吸急促，脸涨得通红，感情很不自然，也不要放松克制。过了一段时间之后，再提出进一步要求，即不但不发火，还要表情自然，呼吸不急促，脸色无变化。这个要求也达到了之后，再进而要求自己抑制火气时能潇洒自如，豁达大度。如此循序渐进，性格才会逐步地由急躁易怒变为豁达大度。只有这样从较低的起点开始，一步一步提高要求，才能顺利实现性格的转化。

二、优化性格的标准

我们讲不良的性格需要优化，那么优化性格有没有一个标准呢？提供以下几点供参考。

1. 成熟的自我修养

成熟的自我修养是培养优良性格的首要标准，也是个人掌控自身心态的必备能力，它是指为了培养优良性格而进行的自觉的性格转化和行为控制的活动。

每个人不管长大以后性格多么坚强，取得了多么伟大的成就，但是在他童年时期的性格必定是孩子式的、不稳定的。他们的优良性格，主要是在后天实践过程中加强自我修养的结果。孔子说："吾十有五而志于学，三十而立，四十而不惑，五十而知天命，六十而耳顺，七十从心所欲不逾矩。"可见，即使孔子也不相信自己是"天生的圣人"。

列夫·托尔斯泰在青年时期，就开始为自己拟定发展的规划，一开始主要是规定生活制度方面的要求，如什么时候起床，什么时候睡觉，什么时候吃饭，吃什么等等。后来，他又把直接的训练作为规划中的主要内容，如集中精力地做一件事，做事情要尽力而为，从事某件事以前要考虑它的目的，做事情不能虎头蛇尾等等。

自我修养在个人性格发展的过程中起着很大的作用，只有通过自我修养，才能有效地把握自己性格的发展方向。

2. 平和并富于进取

在我国古代，从庄子的"虚无主义"，到老子的"无为而治"，从儒教的"重义轻利"，到佛教的"四大皆空"，都劝导人们放弃追求功利之心。

当今社会日益激烈的竞争需要我们有平和的心态和积极进取的精神。竞争就是实力的较量、进取步伐的较量，它会无情地把一切懒惰的人、不思进取的人、无所作为的人统统抛在后面。竞争使无为者屈辱，使无能者恐慌，使无所事事者茫然失措。所以，如果没有良好的性格做铺垫，就不会以一颗平和的心去面对竞争。成功永远是属于拥有平和心和进取心的人。

3. 寻找开放美

在开放的社会里，开放性格是适应时代变化、追求个人发展的重要条件。

善于交际，是开放性格的外在表现；敞开心扉，则是开放性格的内在表现。人们在性格上要追求和时代相适应的开放美。人之相知，贵在知心。敞开心扉，坦诚相见，不要使自己的城府太深，不要人为地造成人与人之间的隔膜，不要扯断人与人之间的感情纽带。

性格开放，就是要向不同的观念开放，向异己的人开放，这才是成功的可靠保证。

4. 为性格加入硬度

培根说过：好的运气令人羡慕，而战胜厄运则更令人惊叹。只有冲破困难和阻力、战胜挫折和打击的人，才是生活中的幸运儿。

贝多芬以他那孤独痛苦而又热烈追求的一生，给世界留下一句名言：用痛苦换来欢乐。这句话曾经鼓舞了无数人奋起拼搏，和自己的不幸作斗争。无数人的成功事例告诉我们，谁能以不屈的精神对待生活中的不幸，谁最终就能克服不幸。

三、优化性格的方法

我们可以从以下几方面来优化自己的性格

1. 改正认知偏差

由于受不良环境影响，有些人会产生一些错误的认知，如认为这个世界上坏人多、好人少，同人打交道要防人三分，疑心重，以小人之心度君子之腹等，这样的人一般心胸狭隘、嫉妒心强、疑心大、古怪、冷漠、缺乏责任感等。要想改变这些不良性格，必须改变自己不正确的认知。可多参加有意义的集体活动，充分体验感受生活；多看些进步的书籍和伟人、哲人传记，看看他们的成功史和为人处世之道。这对自己性格的改变都会有帮助。

2. 不要总用阴暗的眼光去看待别人

上过当或受过挫折的人，对他人总存在一种提防心理，凡事总是往坏处想，这种人疑心重、心胸狭隘、办事优柔寡断。其实，世界上好人还是多数，而相信他人是成功的基础，每个成功人士身边总有一大群帮助他的人。因此，我们要正确地看待别人，看待我们共同生活的社会。

3. 试着去帮助别人，从中体验乐趣

不良性格的人往往以自我为中心，他们对人冷漠，一般不愿参与人际交往，生活在自我的小天地里。要想改变这样的性格，平常可以主动去帮助别人，因为人人都需要关怀，你去帮助别人，同样，别人也会主动来帮助你。同时，在这种帮助中，能体现自身的价值，心情改善了，对人的看法和态度也会随之改变，从而有利于性格的改善。

4. 有意识地进行自我锻炼、自我改造

人本身具备一个自我调节的系统，一切客观的环境因素都要通过主观的自我调节起作用，每个人都在以不同的程度、不同的速度和方式塑造着自我，包括塑造自己的性格。随着一个人的认识能力的相对成熟，随着一个人独立性和自主性的发展，其性格的发展也从被动的外部控制逐渐向自我控制转化。如果每一个人都意识到这一变化、促进这一变化，自觉地确立性格锻炼的目标，不断进行自我改造，就能完善自己的性格。

5. 培养健康情绪

一个人偶尔心情不好，不至于影响性格，若长期心情不好，对性格就会有影响。如常年累月爱生气、为一点小事而激动的人，就容易形成暴躁、易怒、神经过敏、冲动、沮丧等性格特征，这是一种异常情绪化的性格。

因此，要培养健康性格，就要乐观地生活，要胸怀开朗，始终保持愉快的生活体验。当遇到挫折和失败时，要从好的方面去想，"塞翁失马，安知非福"？想得开，烦恼就会自然消失。如果心里实在苦恼，可以找一个崇拜的长者或知心朋友交谈或去看心理医生，不要让苦闷积压在心，否则，容易导致性格的畸形发展。

6. 与人和谐相处

兴趣广、爱交际的人会从别人身上学到许多知识，培养出多种才能，有益于性格的形成和发展。但是，与品德不良的人交往，也会沾染不良的习惯。因此，要正确识别和评价周围的人和事，不要与坏人混在一起，更不要加入不健康的小团体中。人与人之间要互敬、互爱、互谅、互让，善意地评价人，热情地帮助人，克己奉公，助人为乐，努力搞好人与人之间的关系。长此以往，性格就能得到和谐发展。

7. 加强道德修养

有的人已经形成了某种不良的性格特征，例如懒惰、孤僻、自卑、胆小等，必须进行"性格改造"。人的性格虽有一定的稳定性，但它又是可变的，只要自己下决心去改，是能产生明显效果的。懒汉可以成为勤奋者，悲观失望的人也可以成为乐观活泼的人。方法之一是提高文化水平，二是加强道德修养。有文化、有道德的人具有较强的理智感，较能以正确的态度去对待现实生活，有助于形成良好的性格特征。

8. 取人之长，补己之短

"人海茫茫，风格各异""金无足赤，人无完人"。每个人的性格特征中都有好的因素，也有不良的特征。要善于正确地自我评估，辩证地对待自己的优缺点，好的一面使之进一步巩固，不足的一面努力改造，取人长，补己短，有则改之，无则加勉。久而久之，就能使不良性格特征得到克服和消除，良好性格特征得到培养和发展。例如张飞先前十分鲁莽、冒失，但自从在诸葛亮帐下听命后，学习诸葛亮一生为人谨慎的优点，后来在一系列的军事活动中就能看出张飞已具有机智、细心等性格特点了。张飞能改掉先前莽撞、冒失的性格，变得机智、细心，这是他有意识地不断努力的结果。我们每一个人都应该努力下工夫，改正自己不良的性格，充分发挥自身优势，逐渐使自己的性格更加完善。

四、内向型性格的优化

1. 要提高判断能力

判断迟缓当然无妨，因为有时迅速做出判断未必能有好结果。可是，如果总是犹豫不决、迟迟不能作出判断并付诸行动，同样十分不利。因此，经过分析、研究有关资料，并在理论上作出结论之后，就应进行决断。当无论怎样仔细地研究和分析讨论，也无法作出最后的判断时，不要畏缩不前，而应朝某一方向迈进。

小心谨慎固然必要，但不能只慎重而不行动。虽然判断结果会有风险，但如果不作判断、不行动则机会等于零。

2. 要多交积极向上的朋友

内向型性格的人最大特点是对交际活动极为消极。这种类型中有的人只同少数知心的人交往，同一般人关系很浅，仅保持最小限度的接触；也有的人认为，交际麻烦，因此表现出躲避、恐惧、拒绝或讨厌别人的态度。所以，这种人要么被视为能力低、傲慢、冷酷、薄情和枯燥无味，要么使人感到不可理喻、莫名其妙、令人不快，甚至会被误解为危险的人，从而带来很多不利因素。因此，内向型的人即使不愿交际，也应努力扩大自己的交际面。而且，应尽可能与更多的人产生和谐共鸣，而不要把自己孤立起来。

3. 做事应有自己的格调

内向型人的交际应活跃，但不要模仿外向型人的浅薄和马虎等短处，要发挥自己诚实、严谨和稳重的长处，坚持自己的步调。内向型的人，决断和实干的速度一般都不快，但欲速则不达。要踏踏实实地以自己的速度进行实践，不要因为速度缓慢而陷入自卑之中。兔子和乌龟赛跑的寓言故事，就是一个人生箴言。要有乌龟那种不甘落后，奋起直追的自信心和信念。这非常重要。

4. 追根究底应适度

内向型的人，做事有彻底完成或彻底弄清的倾向，讨厌做事敷衍了事、含含糊糊。这是值得尊重的品格，应该保持。但如果拘泥于一事的完满，而不注意周围的事情，便容易无暇顾及其他事。在弄清某一事件时，也不要一味追究到底。在与人的关系方面，如果过分追根究底，就会被认为是刻板、爱较真或严厉无情。在工作上，如果过于追究某人的失败、错误和责任，有时也会招致怨恨或故意的抵触和反击。俗话说"狗急跳墙"，因此，不要对他人过于严格和苛刻。如果连细微之处都穷追不舍，不仅会令他人厌烦，而且自己也有逐渐厌倦的可能，所以，应该注意尽量避免追根究底。

5. 应发挥内在的独特风格

内向型的人，常常蕴藏着内在的独特风格。不少内向型的人具有温和、风趣、优雅、细致、高尚、纯真、虔诚，甚至神秘等特性，应注意发挥这些特性，要认识到自己的这些内在特性是宝贵的财富，坚守"只有自己的生活方式，才具有真正的人性力量"这种价值观。

要有意识地开拓内在的理想，并反映到实际生活中。内向型的人不应满足于模模糊糊、朦朦胧胧的无意识状态，而应努力使自己内在的理想具体化，与实际生活相结合，尽量在实际生活中表现出来。

6. 想象力应实践于创造中

内向型的人属于"冥想型"，其特点是喜欢沉迷于冥想或空想。这种类型的人，应努力使自己面对现实，发挥其创造力，不要只是漫无边际地梦想或做白日梦，"想象是创造之母"，人类曾因梦想"能像鸟一样在空中飞翔该有多好"而发明了飞机，使想象成为了现实。日常生活中，人们会产生各种变化无穷的想法，工作时，人们可能产生跳跃性的设想，这些都应朝创造性的方向发展。同时，内向型的人的感受性很丰富。这种深刻、敏锐、新颖的感受性若能朝着创造性的方向发展，同时有效地应用到实际生活中，无疑将会更有价值。

五、外向型性格的优化

1. 注意不要过度地积极工作

外向型的人工作都很积极，这是长处。但不足之处是，有时由于厌倦、疲劳而半途而废，或一项工作没完成就转向其他工作。这种人犹如优秀的短跑运动员，擅长起跑后的加速跑，却不如有耐力的长跑运动员，因此，他们容易暴露缺乏耐力的弱点。在工作中往往一个人承担一切，负担过重，由此被人称为干将并博得好评，但也容易四面树敌。因此，在工作中不要一人独揽一切，有活大家一起干，把部分工作委托给他人做。应注意能量的控制与贮存、分配与节省，以及能量的合理使用。

2. 注意节制频繁的社交

擅长社交是外向型人的长处，但如果给人的印象是八面玲珑、得意忘形、圆滑世故，那么就会对你的工作和生活带来不良影响。如果溜须拍马、阿谀奉承，对工作和生活就更为不利。周围的人会认为你的格调很低下，于是就会轻视你、不尊重你。别人认为你缺乏诚实，那么你就得不到真诚的友情。因此，社交活动过于频繁，反而会得不偿失。

3. 对事物不要两极分化

外向型的长处是能迅速地作出判断，但其判断往往只限于善恶、正邪、敌我、有用无用等极端化的判断。对于事物的客观真实情况则较少顾及。在工作方面，除轰轰烈烈和简单、轻松二者外，更有多种形式。对待生活，也不应采取孤注一掷或碰运气的简单化、极端化的方法。

4. 小心犯粗心大意的错误

外向型人的长处是能高瞻远瞩地思考、观察事物。不注意细微琐事，当然无可非议，但有时也会忽视不该忽视的事情。如果经常这样，难免招来"这人做事轻率"的诽谤。因此，外向型的人在工作、人生设计、人际关系及生活等方面应注意尽量克服这种粗心大意，不要功亏一篑，使自己的努力和辛苦仅因一点失误就付之东流。

5. 多交内向型的朋友

虽然俗话"物以类聚"，但是，在亲密的朋友中一定要多交几个内向型的人，若能觅得令人尊敬的内向型的人并与之为友则更好。因为这种人能潜移默化地给你带来影响，某些方面是你学习的好榜样。如果是工作上的密友，这种内向型的人的意见或辅佐一定有用。当然被称为"好搭档"的人，根据其工作性质的不同，发挥的作用也有所不同。但在经营事业等方面，外向型和内向型的人常常能够取长补短。外向型人像推土机一样地开拓，内向型人则负责平整地面，铺设轨道。

6. 丰富内心的精神世界

外向型的人，对外界事物抱有兴趣，却没有丰富内心世界的倾向。作为这种类型的人，应去写作或欣赏诗歌，观赏绘画、雕刻、音乐和戏剧，自己绘画或演奏乐器来丰富自己的精神世界。此外，还应培养丰富精神世界的兴趣，阅读一些作为精神食粮的小说、随笔和评论，观看某种电影。不要只注重实利和实用，还应尽力培养情操，多多思索。这样，就可成为既有深度又有广度，并充满人情味的人。

在现实生活中，我们每个人都应该学会扬长避短地发挥自己的性格优势，找到最适合自己干的工作。这样你就能在人生的航程中大胆地扬起风帆向前进，从而到达理想的彼岸。

第六节　摈弃坏习惯

一、坏习惯同好习惯一样有巨大的影响力

有句古老的谚语：我们都是习惯的产物。的确，我们谁不是遵从某种习惯生活呢？可以说习惯每时每刻都在影响我们的生活。好的习惯可以成就一个人，坏的习惯则可毁掉一个人。

史蒂芬是一位农民，长期以来养成了抽烟的习惯，最终他也为此受到了惩罚。有段时期，史蒂芬抽烟抽得很凶。一次他在度假时开车经过美国，而那天正好下大雨，于是他只好在一个小城的旅馆过夜。当史蒂芬凌晨三点钟醒来时，想抽支烟，但他发现烟盒是空的，于是他开始到处搜寻，结果毫无所获。这时，他很想抽烟。然而，出去购买香烟要走很远，因为此时旅馆的酒吧和餐厅早已关门了。他抽烟的欲望越来越大，几乎不能控制自己，最终他决定出去买烟。当他经过路口时，一辆汽车疾驶而过，而此时他已被烟瘾折磨得神志不清，于是被汽车撞倒了，还好没有受到很大的伤害。

事后，史蒂芬承认，这一切都是抽烟造成的，如果不是长期养成抽烟的坏习惯，也许他不会遭到这样的事故。有时候一个坏的习惯一旦定型，它所产生的后果是难以想象的，尤其是习惯这种力量往往是巨大而无形的，当你感觉到它的坏处时，很可能想抵制却已经来不及了。

有这样一个故事讲到：亚里山德拉大图书馆被烧之后，只有一本书保

第二章　青少年要看清自身性格的优缺点

存了下来，但并不是一本很有价值的书，于是一个识得几个字的穷人用几个铜板买下了这本书。这本书的内容并不怎么有趣，但里面却有一个非常有趣的东西，那是窄窄的一条羊皮纸，上面写着"点金石"的秘诀。点金石是一块小小的石子，它能将任何一种普通金属变成纯金。羊皮纸上的文字解释说，点金石就在黑海的海滩上，和成千上万与它看起来一模一样的小石子混在一起，但真正的点金石摸上去很温暖，而普通的石子摸上去是冰凉的。然后这个人变卖了他为数不多的财产，买了一些简单的装备，在黑海边扎起帐篷，开始翻捡那些石子。

他知道，如果他捡起一块摸上去冰凉的普通石子就将其扔在地上，他就有可能几百次捡拾起同一块石子，所以当他摸着冰凉的石子的时候，就将它扔进大海里。他这样捡了一整天，却没有捡到一块点金石。然后他又这样捡了一个星期、一个月、一年、三年，却一直没有找到点金石。但他仍然继续这样干下去：捡起一块石子，是凉的，将它扔进海里；又捡起另一块，若还是凉的，再把它扔进海里……

但是有一天他捡起了一块石子，这块石子是温暖的……他明白过来之后，他已经把它顺手扔进了海里。因为他已经形成了一种习惯，把他捡到的所有石子都扔进海里。他已经习惯于做扔石子的动作，以至于当他经过千辛万苦找到了那块要找的点金石时，他也将它扔进了海里！

看来，习惯有时会成为你获取成功的障碍，让你扔掉握在手里的机会——坏的习惯尤其如此。

根据对几百位成功人士的调查显示，当问及失败的可能原因时，几乎一半的人都会说"坏习惯是失败的重要原因之一"。

有人认为坏习惯可以轻而易举地克服，就姑息它。日久天长，坏习惯像藤一样缠住了他，只有靠坚定的意志、反复做出正确的行为，经过一个艰苦的过程才能纠正过来。

坏习惯就像一棵长弯的小树，你不可能一下子把它弄直。要想纠正它，你可以搬来两块大石头，夹住它，用绳子捆紧。它不是一朝一夕能纠正的，这需要几个月，甚至一两年。凡是渴望成功的人，都应该对自己平时的习惯做深刻的检讨，把那些妨碍成功的恶习一一找出来——如举止慌乱、急躁不安、萎靡不振、言语尖刻、不守时、马马虎虎等，要勇于承认自己身上的不良习惯，不要找借口搪塞。把它们记下来，对照它们造成的错误，想想今后应该怎么做。若能持之以恒地纠正它们，就一定会有巨大的收获。

二、死要面子活受罪

中国人常说："人活一张脸，树活一层皮。""面子"在中国传统道德观念中的重要性可见一斑。可以说，中国社会对人的约束主要就是廉耻和脸面，然而若因此就一切以"面子"为重，养成死要面子的习惯也未见得是好事。

有一位科研人员，技术过硬学识渊博，无人可及，但由于自尊心过强，所以，尽管年逾不惑，却仍然和同事们难以和睦相处。究其原因，不管是在学术问题的讨论上，还是在工作方案的安排上，甚至连日常琐事的看法和处理上，非要别人按自己的想法去办，只要别人不同意自己的意见，指出自己的瑕疵，就会不依不饶，甚至恶语相加。

他永远觉得自己高人一筹，凡与他相处稍久的人，无不敬而远之，避之唯恐不及。

自尊心人皆有之，而要面子的习惯则是自尊心的具体表现。一个人不可能不要面子，但又不能够死要面子。死要面子的人，往往会真正丢了面子。

关键的问题是搞清怎么做才不算丢面子？什么面子可丢，什么面子不可丢？一句话，虚荣的面子应当丢，人格的面子需要保，不保何以处世？而保的办法则在实事求是。事实俱在，曲直分明，面子不保亦在；哗众取宠，装腔作势，面子虽保亦失。

在商品经济的社会中，人类社会在不断变化，许多人在社会剧变中失去了自我价值的判断，他们的心理遭到极大的扭曲，因此只有借助于虚荣来满足自己的面子和虚荣心。

有些人即使债台高筑也要挥金如土，他们牢牢地被自己的虚荣心控制着。用别人的评判标准左右自己岂不是很可悲吗？这种"面子"所带来的虚荣心腐蚀了人的正常心理，破坏了人的健康情绪，成为了人们性格中的一个毒瘤。

不言而喻，爱面子发展过了头便害人害己，为祸不小。所以要想做成大事的人，都应该勇于和爱面子的虚荣心作斗争。一旦自身成为"面子"的俘虏，最终将一事无成。

近代学者李宗吾正是因为最先看到了这一点，而一举成为中国的奇人。他的《厚黑学》一书虽不是从学术上研究"厚黑"，但单凭"厚黑"二字，便轰动了华人世界。他在《厚黑学》一文中写道：

"我自读书识字以来，就想为英雄豪杰，求之四书五经，茫无所得，求之诸子百家，与夫廿四史，仍无所得，以为古之为英雄豪杰者，必有不传之秘……一旦偶想起三国时几个人物，不觉恍然大悟曰：得之矣，得之矣，古之为英雄豪杰者，不过面厚心黑而已。"

"刘备的特长，全在于脸皮厚，他依曹操，依吕布，依刘表，依孙权，依袁绍，东奔西走，寄人篱下，恬不为耻，而且生平善哭，写三国演义的人，更把他描绘得惟妙惟肖，遇到不能解决的事情，对人痛哭一场，立即转败为胜。所以俗语有云：'刘备的江山，是哭出来的。'"

"项羽拔山盖世之雄。咽呜叱咤，千人皆废，为什么身死东江，为天下笑？他失败的原因，韩信所说'妇人之仁，匹夫之勇'两句话，包括尽了。妇人之仁，是心有所不忍，其病根在心之不黑，匹夫之勇，是受不得气，其病在脸皮不厚。鸿门之宴，项羽和刘邦，同坐一席，项羽已经把剑取出来了，只要在刘邦的颈上一割，'太高皇帝'的招牌，立刻可以挂出，他偏偏徘徊不忍，竟被刘邦逃走。垓下之败，如果渡过乌江，卷土重来，尚不知鹿死谁手……他一则曰：'无面见人。'一则曰：'有愧于心。'究竟高人的面，是如何长起得，高人的心则如何生起得？也不略加考察，反说：'此天亡我，非战之罪。'恐怕上天不能任咎罪……"

"刘邦天资既高，学历又深，把流俗所传君臣、父子、兄弟、夫妇、朋友五伦，一一打破，又把礼义廉耻，扫除净尽，所以能够平荡群雄，统一海内，一直经过了四百几十年，他那厚黑的余气，方才消灭，汉家的系统，于是乎才断绝了。"

李宗吾先生的叙述堪称经典，刘备的半壁江山，刘高祖的几百年天下，都是因为他们超越了常人的"面子"心理，用独特的手腕赢得了胜利。特别是汉高祖刘邦不受任何"面子"心理的妨碍，一次又一次地败在项羽的手下，但他不为自己一次又一次重返家乡征兵募马感到耻辱。而项羽就没有他脸皮厚，兵败垓下时，也许还有机会东山再起，但他以"无脸见江东父老"的心情结束了自己的生命。

更为关键的是，真诚大胆地袒露了自己的缺点和弱点，在摆脱尴尬的同时，又能对自己的事业起到一定的作用。

大家都知道林肯长相丑陋，可他不但不忌讳这一点，相反，他常常诙谐地拿自己的长相开玩笑。在竞选总统时，他的对手攻击他两面三刀，搞阴谋诡计。林肯听了指着自己的脸说："让公众来评判吧，如果我还有另一张脸的话，我会用现在这一张吗?"还有一次，一个反对林肯的议员，走到林肯跟前挖苦地问："听说总统您是一位成功的自我设计者?""不错，先生。"林肯点点头说，"不过我不明白，一个成功的自我设计者，怎么会把自己设计成这副模样?"

从林肯的做法中我们知道，敢于直面自己的缺憾，并将缺憾变成鼓励自己向上进取和奋斗的条件，才是明智之举。

丘吉尔是英国历史上最伟大的首相之一，他用自己钢铁意志将英伦三岛上的人民紧紧凝聚在一起，粉碎了纳粹德国吞并欧洲的图谋，并且为第二次世界大战的胜利及战后世界政治格局的形成做出了巨大的贡献。这样一位既有崇高的国际声望又有卓越的领导才能的人，理应受到选民的拥护，成为英国的连任首相。然而，事实却恰恰相反，选民们认为他已发挥了他应有的作用，而新英国需要新的领袖。于是，1945 年 7 月的大选过后，丘吉尔首相下台了。理查德·皮姆爵士去看望他，并把大选结果告诉他。当时，丘吉尔正躺在浴缸里洗澡。当理查德爵士把这个令人难堪的坏消息告诉他时，丘吉尔却说："他们完全有权利把我赶下台。那就是民主! 那就是我们一直在奋斗争取的! 现在劳烦您把毛巾递给我。"

丘吉尔面临的不仅是失败，更是失落，也可以说是选举的结果让他在世人面前栽了个大跟头，使他颜面丢尽，但是他却坦然接受了这个现实。从他的做法中可见其伟大的另一面。

由此，当我们存在着缺憾或有了过错的时候，不管别人可能怎么批评、讥讽甚至侮辱，都不要太在意，死守着可怜的面子不放，而要像那些成就大事业的人一样，把面子放到一边去，继续自己的奋斗。

过分爱面子的习惯是极度虚荣的表现，然而要想在世上寻找一个毫无虚荣的人，就和要寻找一个内心毫不隐藏低劣感情的人一样困难。其实，爱虚荣的人是过分在意别人的看法了，所以他们活得很累，很紧张。勇敢地抛弃你爱面子的坏习惯吧，那样你会过得轻松一些，活得会更充实一些。

三、不要眼高手低

世界上大多数人都是平凡人，但大多数平凡人都希望自己成为不平凡的人。梦想成功，才华获得赏识，能力获得肯定，拥有名誉、地位、财富。不过，遗憾的是，真正能够做到的人，似乎总是少数。因为他们在不经意间养成了眼高手低的坏习惯，这个习惯让他们永远与成功无缘。

有些人总是有很高的梦想，他们不屑于眼前的这些小事。旁人在他们眼中，也大多是一群庸庸碌碌之辈，谈不上有什么共同语言。但在最初交往时，人们往往会被他们表面的雄心壮志所迷惑，老板也会认为他们是难得的栋梁之材。而事实上，他们眼高手低，大部分时间都沉浸在自己宏伟的梦想中。长此以往，他们不能也不会做出什么成就，曾经的雄心壮志难免会变成同事们茶余饭后的玩笑。除非他们幡然悔悟，奋起直追，否则，等待他们的往往是慢慢沉沦，或者跳到其他的公司去继续发牢骚，即使这样，同样的悲剧也难免再次上演。

郭英毕业于某大学外语系，她一心想进入大型的外资企业，最后却不得不到了一家成立不到半年的小公司"栖身"。心高气傲的郭英根本没把这家小公司放在眼里，她想利用试用期"骑马找马"。

在郭英看来，这里的一切都不顺眼——不修边幅的老板，不完善的管理制度，土里土气的同事……自己梦想中的工作可完全不是这么回事啊。"怎么回事？""什么破公司？""整理文档？这样的小事怎么让我这个外语系的高材生做呢？""这么简单的文件必须得我翻译吗？""就一篇小报告而已，为什么自己不写要我帮忙呢？""噢，我受不了啦！"

就这样，郭英天天抱怨老板和同事，双眉不展，牢骚不停，而实际的工作却常常是能拖则拖，能躲就躲，因为这些"芝麻绿豆的小事"根本就不在她的思考范围之内，她梦想中的工作应该是一言定千金的那种。呵，梦想为什么那么远呢！

试用期很快过去，老板认真地对她说："我们认为，你确实是个人才，但你似乎并不喜欢在我们这种小公司里工作，因此对手边的工作敷衍了事。既然如此，我们也没有理由挽留你。对不起，请另谋高就吧！"

被辞退的郭英这才清醒过来，当初自己应聘到这家公司也是费了不少力气的，而且，就眼前的就业形势，再找一份像这样的工作也很困难啊。

初次工作就以"翻船"而告终，这让郭英万分失望与后悔，可一切都已晚矣！

在工作时，许多毕业生念念不忘高位、高薪，并且认为：英雄须有用武之地。然而当他们负责具体工作时，又会从心底里说："如此枯燥、单调的工作，如此毫无前途的职业，根本不值得自己付出全部心血！"当他们面对细微工作时，通常会说："这种平庸的工作，做得再好又有什么意义呢?"渐渐地，他们开始轻视自己的工作，开始厌倦生活。

这是在毕业生中普遍存在的一个问题：好高骛远。但实际生活并没有想象中的那么简单，需要我们具有"零"心态脚踏实地，在工作中学习，弥补自己的不足，不断调整自己的方向，一步一步达到自己的目标。

但凡在事业上取得一定成就的人，大都是在简单的工作和基层的职位上一步一步走上来的。他们总能在一些细小的事情中找到个人成长的支点，不断调整自己的心态，用恒久的努力打破困境，走向卓越与伟大。

而"眼高手低"只会让你永远站在起点，无法到达终点。

年轻人应该像哥伦布那样，努力去发现自己的新大陆。沉湎于过去或者深陷于对未来的空想是没有前途的，你正在从事的职业和手边正在进行的工作，是你成功之花的土壤，只有将这些工作做得比别人更完美、更正确、更专注，才有可能将寻常变成非凡。

俗话说："不如意事十之八九。"我们在生活、工作、学习中会经常遇到不如意、不顺心的事。我们要做的首先就是根据现实的环境调整自己的期望值，尽量把期望值定得低一点，现实一些。千里之行始于足下，只有辛勤耕耘才会有所收获。即使你的理想再远大，只说不做也是空谈。养成眼高手低的习惯终将使梦想成为空想。

四、抱怨没有任何用

如果你想抱怨，生活中一切都会成为你抱怨的对象。如果你不抱怨，生活中的一切都不会让你抱怨。养成抱怨的习惯不但于事无补，还会使自己变得更加软弱。所以，不管现实怎样，我们都不应该抱怨，而要靠自己的努力来改变现状并获得幸福。

富兰克林说："我们一生中有太多地方可以去注意，随便你怎么去看，但为何偏偏就是有那么多人只看消极的那一面呢？"

刘明准备结婚，临到结婚前却放弃了。

事情怎么会这样呢？

他无奈地说："她总是——历数前男友的种种缺点——胡说八道、好吃懒做、无所事事、脾气恶劣等等，简直一无是处。我想，世界上应该没有一个如此坏的人吧。我突然觉得和她生活在一起我会受不了的。干脆还是她走她的阳关道，我走我的独木桥吧！"

其实，那个女孩对刘明非常满意。

产生种种抱怨情绪，甚至采取一些消极对抗的行动，这是人一种正常的心理反应。但是，如果我们老是一味地抱怨，而不用一种豁达大度的心态来对待人或事。就会将自己弄得狼狈不堪。抱怨毫无意义，至多不过是暂时的发泄，结果什么也得不到，甚至会失去更多的东西。

人在遭遇不公正待遇时，通常会产生种种抱怨情绪，甚至会采取一些消极对抗的行动，这是一种正常的心理反应。但是，如果我们从另外一个角度，用一种豁达大度的心态来对待它，就会将这种不公正当作对成功者的一种考验。容忍和以德报怨是一种成熟的标志。一个对过去的事情总是耿耿于怀的人是无法容纳未来的。聪明的做法是停止计较过去，停止对自己所遭遇的不公正待遇耿耿于怀。

面对困境，抱怨是无济于事的，只有通过努力才能改善处境。那些常常抱怨的人，终其一生，也无法真正成功。

与其毫无意义地抱怨和唠叨，不如去寻找那些值得欣赏的东西，赞美它，支持它，拥护它，理解它，你会发现结果将大不相同。

曾看到过这样一个故事：

一对夫妇在婚后十多年才生了一个男孩，夫妻恩爱，男孩自然是两个人的宝。男孩两岁的某一天，丈夫在出门上班之际，看到桌上有一药瓶打开了，不过因为赶时间，他只告诉妻子把药瓶收好，然后就上班去了。妻子在厨房忙得团团转，很快就忘了丈夫的叮嘱。男孩拿起了药瓶，觉得好奇，又被药水的颜色吸引，于是倒进嘴里喝了个干净。药水药力很厉害，即使成人服用也只能用少量。男孩被送到医院后，抢救无效死亡。妻子被吓呆了，不知如何面对丈夫。紧张的父亲赶到医院，得知噩耗非常伤心，看到儿子的尸体，望了妻子一眼，然后说了一句话。丈夫到底说了一句什么话呢？

他说的是：我爱你，宝贝。

很简短的故事，很简单的一句话，但是，有多少人能做到呢？

同一件不幸的事你可以怨天尤人，痛骂社会，甚至自责，但事情却不因这些而改变，这一切只改变了你和日后的生活，只能背负着疤痕而痛苦地活下去。我想，大部分经常抱怨不停的人正是因为把更多的时间和精力都放在了抱怨上，所以才被眼前的局面所控制。

不要再去抱怨世道的不公，抱怨自己的学校并非名校，抱怨没有一个有钱有势的老爸，抱怨中午的工作餐简直不是人吃的，抱怨工作差、工资少，抱怨空怀一身绝技却没人赏识……

有位成功人士说得好："就算生活给你的是垃圾，我认为，你同样能把垃圾踩在脚底下，登上世界之巅。"其实，这个世界只在乎你是否到达了一定的高度，而不在乎你是踩在巨人的肩膀上上去的，还是踩在垃圾上上去的。

五、改掉找借口的坏习惯

为自己的失败寻找借口的习惯与人类的历史同样古老，这是对成功的致命伤！制造借口是人类本能的习惯，这种习惯是难以打破的。柏拉图说过："征服自己是最大的胜利，被自己所征服是最大的耻辱和邪恶。"

当你面对失败之时，不要寻找借口，而应找出失败的原因。

一个人做事不可能一辈子一帆风顺，就算没有大失败，也会有小失败。而每个人面对失败的态度也都不一样，有些人不把失败当回事，他们认为"胜败乃兵家常事"；也有人拼命为自己的失败找借口，告诉自己，也告诉别人：他的失败是因为别人扯了后腿、家人不帮忙，或是身体不好、运气不佳等。总之，他们可以找出一大堆理由。

在现实生活中，不把失败当回事的人实在不多，而这种人也不一定会成功，因为如果他不能从失败中吸取教训，尽管有坚强的意志也没用。但不敢面对失败，老是为失败寻找借口，也一定不能使自己获得成功。

为自己的失败寻找借口的人一般都不承认自己的能力有问题。固然有很多失败是来自于客观因素，无法避免，但大部分失败却都是由主观原因造成的。

也许你认为失败是因为部属侵占公款，但那也是因为你用人不当，管理不善。

也许你认为失败是因为全球性的经济不景气，但那也是因为你对全球经济走向疏于了解、研究、判断，无法预测。

也许你认为失败是因为投资过大，但那也是因为你的判断有问题。

总之，失败的人有一种共同的性格特征，他们知道失败的原因，并且对于自己有着他们认为的一套托词。

有些托词是聪明的，少数托词由事实证明是有道理的，但是托词不能当钱用！世界只希望知道一件事：你成功了没有？成功和借口永远不可能同时出现。

某公司员工在即将下岗的时候，怒气冲冲地来到老板办公室，抱怨老板从来都没给过自己表现的机会。

"那么你为什么不自己去争取呢？"老板问他。

"我曾经争取到一些机会，但是那些所谓'机会'不能让我充分发挥自己的才能。"他依然振振有词。

"能告诉我具体情况吗？"

"前些日子，公司派我去外地营业部，但是我觉得像我这样的年纪，还发配边疆，岂不大材小用？"

"为什么你会认为这不是一种机会呢？"

"难道你看不出来吗？公司本部有那么多职位，却让我去如此遥远的地方。我有心脏病，这一点公司所有的人都知道。"

其实，这位先生并没有什么心脏病，他只是为自己不愿远行找一个借口而已。

一个遇事喜欢推脱找借口的人，在面临挑战时，总会为自己未能实现某种目标找出无数个理由。

而成功者大都不善于也不需要编制任何借口，因为他们能为自己的行为和目标负责，也能享受自己努力的成果。

富兰克林·罗斯福因患小儿麻痹症而下身瘫痪，但他从来不找任何借口，而是以信心、勇气和毅力向一切困难挑战，居然冲破美国传统束缚，连任四届美国总统。他以病残之躯在美国历史上写下了辉煌的成功篇章。

失败者完全可以从自身的角度去研究失败，如判断能力、执行能力、管理能力等，因为事情是失败者做的，决策是失败者制订的，遭受失败的结果当然也就是失败者造成的。因此，失败者大可不必去找很多借口。即使找到了借口，那也不能挽回失败。

其实，尽管有些失败是来自于客观因素，逃都逃不过，但还是不要找这种借口的好，因为找借口会成为一种习惯，让自己错过探讨真正原因的机会，这对日后的成功是毫无帮助的。

面对失败是件痛苦的事，因为就仿佛自己拿着刀割伤自己一样，但不这样做又能如何？人不是要追求成功吗？因此，碰到失败，要找出原因来，就好比找出身上的病因一样，以便对症医治。

老是为失败找借口的人除了无助于自己的成长之外，也会造成别人对他能力的不信任，这一点也是必须加以注意的。

美国成功学家格兰特纳说过这样一段话：如果你有自己系鞋带的能力，你就有上天摘星的机会！让我们改变找借口的习惯，把寻找借口的时间和精力用到人生奋斗上来。因为生活中没有借口，人生没有借口，失败没有借口，成功也不属于那些找借口的人。

第三章　培养青少年好性格的基础

孔子云："人之初，性本善。性相近，习相远。"从这句话中，我们可以了解到，性格主要是后天形成的，后天的环境、教育等因素对人性格的形成起着决定作用。青少年正是学习知识的黄金阶段，这期间培养出良好的性格，对以后的人生道路有很大的帮助。但是在培养良好性格的过程中，需要社会方方面面的协助，才能达到目的。

第一节　性格形成的生理基础

性格同其他心理现象一样，也是脑的机能，也有它的生理基础。如何说明性格的生理基础问题，至今还没有获得令人满意的解释，这主要是由于性格本身的复杂性以及研究它的困难性。此外，对性格生理基础的理解，恐怕不应该也不太可能在大脑皮层上逐一找到各种性格特征的相应的机能区。不过，似乎可以说，大脑的额叶区与性格可能有一定的关系。这种认识主要来自对大脑额叶区受损伤的病例的观察。例如，有个叫乔治的病人在额叶区受到损伤后，他的性格与受伤前的表现发生了极大的变化，前后判若两人。根据他的医生的报告："他动静无常，无礼，有时爱说最粗俗的下流话（他以往没有这种习惯），对伙伴很少表示尊重，不能忍受约束或劝告，如果违反他的愿望的话，时而极端顽固，时而又反复无常而犹豫不决。他完全变了，因此他的朋友和熟人，说他不再是乔治。"以后在许多眶额区损伤的病例中，都可以见到性格的变化，"是童样痴呆类型的，趋向于轻浮的、愚蠢的、令人生厌的开玩笑，而常常是使旁人吃亏。这些病人常在很严肃的场合说些轻率的话，而他们热情奔放的精神可能掩盖着情绪上的迟钝。"

巴甫洛夫的高级神经活动学说对于理解性格的生理基础可能有一定的参考价值。该学说认为，人的高级神经活动类型，不但是气质的直接生理基础，而且也是性格的生理基础。此处所述的高级神经活动类型，是人在后天环境中现实具有的类型，即是先天固有的类型特性与其在后天环境中引起的变化的混合物。所谓混合物，就是指暂时神经联系的建立，一方面受神经活动的基本特性的制约，是在基本特性的基础上形成的；另一方面暂时神经联系的建立又能够在一定程度上掩盖或改变神经活动的基本特性。这就使得人对外界影响的态度体系和行为方式带有个人的特点或印记。此外，暂时联系的建立是在外界影响（特别是教育）的长期影响下形成的，一经形成就比较牢固；但它又可随环境影响的变化而变化，这就使得人对环境的适应具有相当大的稳定性和灵活性。暂时联系系统的稳定性和可塑性可能直接影响到性格的稳定性和可塑性。

在这里还须指出，高级神经活动类型特性对性格特征有重要的影响，正如气质一章中所指出的，神经过程的三大主要特性对人的活动有明显的影响。例如，神经过程强度性的差异，制约着人对外界刺激的耐受程度的差异，也影响着人对外界刺激的反应的差异。这些都是一个人不同于他人的性格表现的生理基础。

第二节　家庭教育

对性格形成起重要作用的首先是家庭，家庭在青少年性格形成上有着重要和深远的影响。这是因为：第一，家庭是青少年生活时间最长的环境，充分的时间可以使青少年与家长朝夕相处在一起，接触机会多，影响面广泛。从青少年受教育的顺序来看，首先是家庭教育，其次才是学校教育。我们经常说，家庭是孩子的第一所学校，家长是孩子的第一任教师。家长的素质、人格、举止言谈、生活方式、教育态度等等都有意或无意地影响着青少年，长时间的耳濡目染，潜移默化，对青少年的思想观念、行为准则以及行为习惯的形成都起着重要的作用。国外教育科学研究证明，从出生到 7 岁，这是一个人身心发展，尤其是大脑发展的最旺盛时期。此时儿童生活在家庭及周围环境中，外界刺激会在他们大脑里留下痕迹，刺激反复呈现，就会转化为内在信息，促进儿童大脑潜能的发展，促进儿童认知、情感、意志等心理过程的发展。而此时儿童大脑潜力的发展又对未来的学业和事业产生深远的影响，对其性格的形成也有深远的影响。第二，家庭作为社会的基本单位，是青少年的最亲密的社会生活群体，家长与青少年之间具有血统的亲密情感。在这个集体中，家长对青少年的成长倾注了极大的关心和爱抚，这是青少年健康成长的坚实基础。教育家马卡连柯就此指出："没有父母的爱，所培养出来的人，往往是有缺陷的人。"缺少父母之爱的青少年，感受不到家庭的温暖，就会经常处于紧张忧虑之中，这将严重影响他们的正常发展。破裂家庭有两种情况：一种为父母死亡，一种为父母离婚。这两种情况对青少年都是很不幸的。有人认为父母离婚，甚至比父母死亡对子女的性格影响更大。破裂家庭中的孩子往往很悲观，性格孤僻，心情苦闷，一遇不顺心的事，易钻"牛角尖"，但也可能具有坚强、果断、自立的一面。有些调查还表明：破裂家庭中子女的犯罪率也比一般家庭的子女要高。

家庭教育对青少年性格的影响，主要是通过父母的言行、父母的教养方式、家庭气氛、家庭成员之间的关系和儿童在家庭中所处的地位等方面的影响来实现的。

父母言行的影响。心理学的研究发现，模仿是青少年学习的重要形式之一。青少年的许多态度和行为不是直接从书本上学来的，而是通过对周围环境中的榜样的模仿获得的。父母是孩子模仿的最直接、最经常的榜样。一般来说，孩子会静悄悄地学习家长的言行举止：母亲爱打扮，讲虚荣，孩子也爱打扮，讲虚荣；父亲脾气暴躁，举止不文明，孩子也不例外。父母待人接物的态度，父母的情感、意志、理智等特征都是儿童早期学习的榜样，在孩子身上能看出父母的影子。

国外的许多学者的研究成果指出，双亲教养子女的态度对儿童性格的形成影响极大。从下表中可看出父母的养育态度直接影响着儿童性格的形成和发展。

家庭教育方式的影响。娇生惯养是最常见的一种错误的教育方式，特别是现在的独生子女，因为是独生，全家人一切都围着孩子转，一切都顺着孩子来，这种娇生惯养的孩子，容易形成一些什么样的性格呢？（1）胸无大志，安于享受，不求进取。（2）任性、自私、脾气暴躁。（3）怯懦、娇气、不能吃苦。（4）胆小怕事。（5）懒惰、依赖、独立性差。有些父母认为："棍棒底下出孝子""不打不成材"，所以对孩子常常施之以"棍棒教育"，其结果同样给孩子的性格发展以很坏的影响。有的孩子在体罚之下，长期在压抑和畏惧的精神状态中生活，致使从小性格就变得抑郁、颓唐、精神难以振作起来；有的被打怕了，失去了少年儿童应有的天真活泼的天性，变得呆滞又怯懦；有的为了逃避挨打，学会了撒谎，不诚实，对大人察言观色，投其所好；有的孩子经常挨打，变成了"厚脸皮"，毫无羞耻之心，破罐破摔；有的甚至变得冷酷无情，寻找对象，以发泄自己内心的痛苦和憎恨。

家庭气氛影响着性格的形成。在宁静愉快的家庭气氛中长大的孩子与气氛紧张、冲突家庭中长大的孩子在性格上有很大的不同。一个家庭，夫妻之间相亲相爱，兄弟姐妹之间互敬互爱，与邻里相处相敬如宾，往往易使儿童形成谦虚、礼貌、随和、诚恳、乐观、大方等良好的性格特征。反之，一个家庭父母之间、兄弟姐妹之间经常打骂争吵，往往会使儿童形成粗暴、蛮横、孤僻、冷酷等不良性格特征。

另外，父母的文化程度，尤其母亲的文化程度，直接影响青少年性格的发展。

总之，性格的形成，起之于童年，早期家庭教育对孩子的性格形成和发展影响是巨大的。父母是孩子的第一位老师，作为父母不仅要承担抚养子女的责任，而且更要承担教育的责任，应该高度重视儿童良好性格的早期培养，掌握教育孩子的科学方法，从幼小抓起，从细微入手，逐步培养儿童良好的行为习惯和健全的人格，为其以后性格的进一步发展和完善奠定基础。

第三节　学校教育

学校是通过各种活动有目的有计划地向学生施加教育的场所。学生在学校不仅掌握一定的文化科学知识，也接受一定的政治和道德教育，学习为人处世的方法，形成着自己的性格特征。学校教育对学生性格的形成和发展起着主导作用，这是因为学校教育是最基本、最主要的教育形式。它具有以下基本特征：（1）有明确的目的，即培养目标；（2）有确定的教育内容；（3）有固定的教育组织形式；（4）有精心组织的教育活动；（5）有专门从事教育工作的教师；（6）有教育场地和教育设施；（7）有稳定的教育周期。相比之下，无论是家庭还是社会都难以达到这些要求。随着社会的发展，家庭教育和社会教育的影响作用越来越大，但是学校教育的力量仍然是其他教育无法替代的。学校教育可以并且应该对家庭教育和社会教育实行有效的调控，起到主导的作用。

学校教育对学生性格的影响，主要是通过班集体和教师这两方面的影响来实现的。

学校集体组织对性格发展的影响很大。学校中的集体组织很多，有班集体、少先队、共青团等组织，这些组织的活动要求，对学生性格形成起着直接或间接的影响。特别是班集体的特点、要求、舆论和评价，对学生性格的形成与发展有很大的影响。一个在班集体中得到关心爱护、受到尊重信赖、感到温暖快乐的学生，他的情绪会是积极稳定的，行动是大胆、自信的，与人相处是团结友好的，对集体是关心爱护的。反之，则容易形成冷漠、孤独、自卑、消极、敌对等不良的性格特征。

有的心理学家研究了班级指导对"角色"加工的意义。实验是在小学五年级的一个班上进行的，有47名学生，教师挑选在班级中比较后进的8名学生，任命他们为班委会干部，在他们担任和完成班级工作任务的过程中给予适当的指导，并追踪研究这些学生在班级中所处地位的变化和性格特征变化的情况。一个学期过去之后进行测定，发现他们在班级中的地位有显著变化。从前，他们一向不被人重视，而当他们在教师的指导下，担任一个学期的班干部之后，班上第二学期选举时，这8名同学中有6名继续被选为班委会干部。另外还观察到，这6位同学在性格方面，诸如自尊心、安全感、活泼性、协调性、诚实性、责任心、活动交往能力等特征都有所变化。从全班的统计来看，原来不积极参加班级活动的性格孤僻的儿童比例也大大下降了，整个班级的风气也有所改变。但不是任何班集体对学生性格和形成都发挥积极作用。班集体必须在教师指导下，有正确而又明确的目的性，挑选出合适的班干部，组织起班集体的领导核心；建立起和谐、友爱、民主的班级气氛，发扬正气，能与不良倾向作斗争；对班级成员有严格要求，有严明的纪律。只有这样才能促使班集体的成员形成优良的性格特征。例如，一个具有积极向上的良好气氛的班集体，会促使其成员奋发上进、不甘落后、乐观活泼、友爱合群等良好性格的形成，反之就会使学生消极怠惰，不思上进，即使少数同学想上进也会因为难以抵抗压力和诱惑，最终陷入"同流合污"的境地。另外，学生在一个班风正、学风浓的集体中进行学习和工作，对培养学生集体主义的性格，组织性、纪律性、克服困难的坚韧性、勇敢顽强等性格特征都具有重大意义。

团队教育在性格形成上的作用是很大的。团队活动具有生动性、趣味性和灵活性，能丰富人的心理活动，因此使人易于接受。在接受和执行团队委托的任务过程中，学生经常会面临社会性需要与个人需要，即集体利益与个人利益之间的矛盾，完成任务和执行条件之间的矛盾。解决上述矛盾的过程也就是集体主义品德和意志、性格成长的过程。学生在执行任务的过程中，良好的性格得以逐步养成。例如：要求担任团、队的干部具有责任心，要严于律己、以身作则、处事公正、团结同学、关心集体等性格特征。而这些良好的性格特性，只有在执行班级工作任务的过程中才能得到培养和发展。

教师对学生的态度，影响着学生性格的形成。一个受到教师肯定、尊重、温暖而平等相待的学生，往往积极乐观，对生活充满信心，也容易养成热爱集体、热爱老师等性格；一个受到教师否定、排斥、冷漠等不公正待遇的学生，易产生敌对情绪，养成消极颓废、自卑等性格特征。

第四节　教师的态度

教师对每个学生亲切的、因材施教的态度也是培养学生良好性格的一种有效方法。例如，对于自尊心强、缺乏勇气的学生，宜先冷淡，后单独做工作；对于较固执、不爱说话的学生，宜多用事实、榜样来教育或用后果教育法让他们自己接受教训；对于活泼好动、有点自以为是、力求自决和自主、希望别人看重的学生，可以当面批评，但一定要说理，平等相待；对于头脑灵活、容易骄傲、有娇气、少韧性的学生，可多问他几个为什么，启发思考，并着重于导之以行。只有"量体裁衣"、因材施教，帮助学生发扬优良性格，克服不良性格，才能使性格教育收到成效。

教师不仅要教书，还要育人；不仅要言传，而且还要身教；教师应以其全部行为和整个人格来影响学生。教师对学生性格形成影响的大小和积极与否，主要取决于教师本人的性格特征。具有良好的性格特征的教师，他们深受学生的欢迎，在学生中享有很高的威信，学生对他们的教育心悦诚服，并有意无意地把他们作为自己的效仿的楷模。有人做过这样的实验，让3种不同性格类型的教师各带3组学生，结果学生的性格出现了明显的差异。性格和善、办事民主的教师，学生的性格比较稳定、积极，待人态度友好；性格严厉、遇事专制的教师，学生的情绪则比较紧张，不是冷淡就是带有攻击性；而性格冷漠、管理放任的教师，学生的情绪也变得漫不经心，言行常常处于放任状态。这充分说明，性格优良的教师可能带出性格优良的学生，而性格不良的教师可能带出性格不良的学生。斯霞老师为人和蔼可亲，细致耐心，有时即使有充分的理由去批评学生，也总是轻声细语，像个慈爱的母亲，苦口婆心地进行诱导。在她的影响下，凡经她教育的学生都十分讲究文明礼貌，没有粗野无礼的行为，甚至那些原来性格暴躁的学生，在斯震老师耳濡目染的熏陶下，也开始自觉改变不良的性格。中小学生性格尚未定型，可塑性极大，如果每个教师都能像斯霞老师那样用良好的性格去陶冶学生，那就一定会使他们成为性格优良的一代新人。教师的性格是一种教育因素，而且是其他任何一种教育因素都无法替代的。甚至教师的许多值得学生学习的优秀品质，也只有成为教师性格的一个组成部分才会对学生真正产生潜移默化的感染作用。全国"五讲四美"为人师表活动先进个人，天津市蓟县苦梨峪小学教师王振远，是个性格坚强、意志坚定的人。他克服重重困难，坚持山区教学。有一次下大雪，学生王淑平因胆怯、畏难，没有上学。当晚，王振远就翻山越岭到她家访问。狂风卷着大雪，把山沟都填平了，他找不到羊肠小道，从山坡上跌下来，掉进了雪窝里，他挣扎着爬起来，跌跌绊绊，高一脚低一脚地来到王淑平家。望着浑身是雪的王振远，望着他那坚定不移的神情，王淑平和她的父母被深深感动了，一再表示以后不再缺课。正是在王振远坚强不屈的性格影响下，王淑平克服了畏难、胆怯的性格。从此以后，不管下雨下雪，总是按时到校，也磨炼出顽强的性格。从学生王淑平的转变中，我们不是很清楚地看到了教师性格的力量吗？

　　教师良好的性格对学生不是一种短暂的教育因素，这颗种子一旦撒入学生的心田里，必将绽开灿烂的花朵，对学生的一生都可能产生深刻的影响。鲁迅青年时代留学日本时的老师藤野先生，是个温和严谨、教学认真的人。每次检查鲁迅的笔记，总是细心地改错、补漏。有一次，鲁迅为了构图的好看，擅自将解剖图中的下臂血管移了位置。对此，藤野先生严肃指出鲁迅的过错，但态度却十分和蔼可亲。藤野先生高尚的人格，给鲁迅留下了终身难忘的印象。直到晚年，他还时时想起藤野先生的音容笑貌，鼓起自己战斗的勇气。他说："他的性格在我的眼里和心里是伟大的，虽然他的姓名并不为许多人所知道。"当年藤野先生怎么会想到自己的性格，竟会在一个异国的青年学生一生的发展中产生如此久远的影响呢？人们常说："受教育者是教育者的一面镜子。"从这面镜子里，我们无疑可以看到教师性格在学生身上的折光。"只有性格才能养成性格。"为了培养具有真正完善性格的新一代，教师应对自己的性格进行正确的自我评价，加强性格修养，努力克服自身种种消极的性格特征。

第五节　社会教育

　　社会教育是指通过学校或家庭以外的社会文化教育机构，以及有关的社会团体或组织对儿童所进行的培养思想品德、增进知识、发展智能、健全体魄的教育活动。社会教育在培养儿童性格方面具有家庭教育和学校教育所不具备的特点：（1）教育渠道的广泛性。既可通过诸多社会教育机构，又可以借助诸多宣传工具、媒介等对儿童进行性格教育。（2）教育内容的丰富性。丰富多彩的社会生活对儿童的性格教育既具有丰富性，又具有渗透性。（3）教育作用的复杂性。社会教育的目的是使儿童得到良好的影响，促进性格的健康发展。但由于教育渠道众多，教育内容和形式多样，有时一些消极因素混杂其中。具体到儿童身上，积极的教育作用可能会被抵消，消极作用却可能产生影响。这种复杂性，更应引起我们对社会教育的重视，强化其积极作用，努力排除其消极作用。

　　社会信息也影响着性格的形成。社会信息的获得，可来自直接的观察，也可由别人间接传授，但经常的直接观察对一个人的性格影响更为迅速。例如：电视节目中的许多攻击性行为，对于年幼无知的孩子的行为发展影响很大。美国的史特尔、阿普尔菲尔德和史密斯等人1971年在一个实验里，让一组八九岁的儿童每天用一些时间观看具有攻击性行为的卡通节目，而另一组小孩则在同样长的时间里观看没有攻击性行为的卡通节目。在实验进行中，同时对这两组儿童所表现的攻击性行为加以详细的观察和记录，以作为以后比较的依据。实验结果发现，观看攻击性卡通节目的儿童，其攻击性行为有增多的现象，但是，那些观看不含有攻击性卡通的节目儿童，在行为上都没有改变。另外一个长期性的研究证明，在10年以后追踪访问以前参与观看攻击卡通节目实验的儿童，在他们到19岁时，仍然是比较具有攻击性的，只是女孩子没有这种相关现象存在。

此外，电影、通讯报道和文化作品中的英雄榜样或典型人物，有时能激起学生丰富的情感和想象，引起模仿的意向。例如，当一个人由于生理的伤害，精神的刺激或其他原因造成悲痛、失望的心理状态，安慰和忠告可能都无济于事，而文艺的范例常常可以唤起他们的生活意志力和创造力，对他们的精神生活起着特殊的鼓舞作用。当代保尔张海迪以惊人的毅力向厄运和死神作斗争，乐观、开朗地笑对人生，争分夺秒地拼命学习和工作。她的行为，感召着多少人！

从以上的分析中可以看到，社会教育的影响就像"空气"一样，渗透到社会生活的各个方面，作为一个社会成员，儿童也必然会受到来自各个方面的教育影响。正面的、反面的，好的、坏的、美的、丑的，各类现象时刻都在影响着儿童。所以，封闭是封闭不住的，要有意识地鼓励和引导儿童主动地接触社会环境，参与现实，"在游泳中学习游泳"，利用其中的积极因素。同时，要培养儿童辨别是非、美丑、善恶的能力，抵制社会影响中的不良因素，促进儿童性格的健康发展。

第六节　青少年要懂得如何自我教育

性格与自我教育在人的性格形成、发展的一定阶段上，对性格的自我评价鉴定和自我教育培养具有很大的意义。任何一种性格特征的形成，都

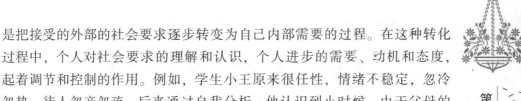

是把接受的外部的社会要求逐步转变为自己内部需要的过程。在这种转化过程中，个人对社会要求的理解和认识，个人进步的需要、动机和态度，起着调节和控制的作用。例如，学生小王原来很任性，情绪不稳定，忽冷忽热，待人忽亲忽疏。后来通过自我分析，他认识到小时候，由于父母的过分溺爱形成了任性的不良性格，只有在严格的自我要求和刻苦锻炼中才能克服。他给自己规定了严格的生活制度和行为规范，从日常生活中的每一件小事做起，严格地要求自己，监督和约束自己，顽强地克服自己的不正当冲动和任性，对自己一点也不放任、迁就和原谅。每发生一次违反行为规范的事，他就采取一种"自我惩罚"手段，如不准自己吃最爱吃的东西，不准自己看最爱看的电影。经过一段时间严格的自我管理、自我约束以后，他小时候养成的任性的脾气被逐渐克服，自制力也不断增强。再如小学生李小光，上课时总不能安心听讲，做作业也马虎了事。加入少先队后，他意识到自己是一个少先队员了，要为红领巾添光彩，于是他想努力克服上课不听讲，做作业马虎的坏毛病。他在自己的课桌上方，画了一条红领巾，时时用红领巾来提醒自己改正不遵守纪律、马虎粗心的坏毛病。

人是一个有高度的自我调节的系统，一切外来的影响都要通过自我调节而起作用。因此，从这个意义上说，每个人都在自己塑造着自己的性格。青少年在形成世界观以后，能根据世界观来调节自己的行为，自我调节就更为突出地表现出来。这时他们的性格形成已从被控制者变成了自我控制者，他们能产生一种"自我锻炼"的独特动机。在这种动机的支配下，他们会主动地到处去寻找榜样，确定理想，并力求了解自己性格中的优缺点，拟定自我教育的计划，给自己规定一些发展某方面品质的主要的行动规划或提出一些警句，有意识地进行良好性格的培养。如取得成绩和荣誉、处于顺利环境时，提醒自己，要力戒骄傲自负；遭受挫折和打击、处于逆境时，加强自勉。鼓足勇气和信心；环境安乐时，要防止懒散、安逸，主动培养吃苦耐劳精神；环境艰苦时，防止消极、沮丧，在艰苦中保持乐观，培养不畏艰险的进取精神。自我教育是良好性格形成和发展的重要因素，在性格形成和发展过程中起着巨大的作用。

因此，教师要启发引导学生自我教育的愿望，培养学生自我评价、自我调控的能力，指导学生制订自我教育的计划，使学生成为一个自我教育的胜利者。

第七节　青少年异常性格的矫正

性格是表现人的态度和行为风格的心理特征。一个人若是性格异常，将会影响个人的品行与进步，影响正常的人际关系，不能适应正常的工作、学习和社会活动。青少年中常见的异常性格有以下几种：

1. 无力性格——无力性格的人精力体力不足，容易疲乏，常诉身体不好，有疑病现象，精神不振，情绪不佳，缺乏热情，意志脆弱，缺乏克服困难的精神。

2. 不适应性格——对社会环境和人际适应能力差，不合群，对外界承受能力差，情绪不稳定，缺乏自我控制能力，易受不良行为影响。

3. 偏执性格——敏感多疑，固执，容易产生嫉妒心理，凡事以自我为中心，经常与人闹矛盾，遇事常责备他人，强词夺理，不易接受别人的正确意见。

4. 分裂性格——性格内向，不合群，情感淡漠，喜欢独来独往，社会适应和人际关系差，少有激怒反应。

5. 攻击型性格——表面看起来依顺服从，内心却具有攻击性和敌意，情绪高度不稳定，容易兴奋冲动，易对他人及社会表现敌意和破坏行为。

6. 强迫性格——拘谨，犹豫不决，拘泥于细小事情，对人对事要求十全十美，有不同程度的强迫行为或强迫观念。

青少年的不良性格对个人生活、学习的影响是广泛、深刻而持久的。人的性格不是生来就有，而是后天形成的，且会随着年龄、职业、地位、环境等因素的影响而变化。因此说性格可以矫正且具可塑性。青少年应该如何塑造良好的性格呢？

一、正确对待先天因素

一个人的身材容貌等个性特点对性格的形成也具有一定的影响，我们应正确对待这些先天因素，貌美者不应沾沾自喜，旁若无人；生理有缺陷者不能自暴自弃，提高文化素养而更要增强生活信心，培养健康的性格。

二、加强学习，建立良好教育环境

良好的性格需要教育和环境的熏陶，丰富的文化知识、良好的氛围能潜移默化地塑造良好性格，因此要重视学校与家庭环境氛围，让孩子在优化环境中塑造良好的性格。

三、培养广泛兴趣，建立和谐人际关系

广泛兴趣和良好的人际关系有益于良好性格的形成和发展，青少年应积极参加有益身心健康的活动，在活动中学会建立和谐的人际关系。在家里与父母和谐融洽也有益良好性格的形成。

四、保持积极乐观的心境

人的情绪和性格有着密切的关系，一个人偶尔心情不好，是不会影响性格的，但若长期心情不好，对性格则会有一定的影响，因此要养成乐观的生活态度，正确对待各种困难与挫折，增强生活情趣。

第四章　自信是人生前进的动力

思想家爱默生说："有史以来，没有任何一件伟大的事业不是因为自信而成功。"一个人的成长，然后成功，往往靠的就是自信，它引导一个人做出正确的判断。一个正确的判断，不仅决定你在一件事情上的成败，更重要的，它是你走向哪个方向的分界线。比如有两个人，有着同样的环境，其中一个突然就上去了，另一个却可能永远都上不了这个台阶。最重要的区别是他做出了什么样的判断，这种判断无法用考试分数来衡量，但却具有决定性的意义。

第一节　用自信去迎接明天

自信的人具有典型的外向型性格，具有这种性格特点的人一般都表现得充满自信和勇气，总是能够大胆、沉着地处理各种棘手的问题，并且性格也比较开朗、活泼，给人以大大咧咧、不拘小节的形象。

传说拿破仑亲率军队作战时，同样一支军队，战斗力便会增强一倍。原来，军队的战斗力在很大程度上基于兵士们对统帅的敬仰和信心。如果对统帅抱着怀疑、犹豫的态度，全军便要混乱。拿破仑的自信与坚强，使他统率的每个士兵提高了战斗力。

如果有坚强的自信，往往能使平凡人做出惊人的事业来。胆怯和意志不坚定的人即使有出众的才干、优良的天赋、高尚的品格，也难以成就伟大的事业。

一个人的成就，绝不会超出他自信所能达到的高度。如果拿破仑在率

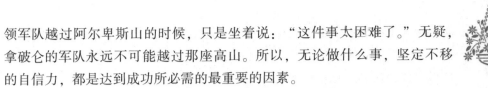

领军队越过阿尔卑斯山的时候，只是坐着说："这件事太困难了。"无疑，拿破仑的军队永远不可能越过那座高山。所以，无论做什么事，坚定不移的自信力，都是达到成功所必需的最重要的因素。

坚强的自信，便是伟大成功的源泉。不论才干大小，天资高低，成功都取决于坚定的自信力。相信能做成的事，才有可能成功。反之，不相信能做成的事，那就绝不可能成功。

有许多人这样想：世界上最好的东西，不是他们这一辈子所应该享有的。他们认为，生活上的一切快乐，都是留给一些幸运儿来享受的。有了这种卑贱的心理后，当然就不会有超越自我的念头。许多青年男女，本来可以做大事、立大业，但现实中却做着小事，过着平庸的生活，原因就在于他们自暴自弃，没有远大的理想，没有坚强的自信。

与金钱、势力、出身、亲友相比，自信更有力量，是人们从事任何事业的可靠资本。自信能排除各种障碍、克服种种困难，能使事业获得更完满的成功。

人们有权力按照我们自己看待自己的眼光来评价我们；我们自己认为有多少价值，就不能期望别人把我们看得比这还要重。一旦我们踏入社会，人们就会从我们的脸上、从我们的眼神中去判断，我们到底赋予了自己多高的价值。如果他们发现，我们对自己的评价都不高，他们又有什么理由来费心费力地去研究我们的自我评价到底是不是偏低呢？因为很多人都相信，一个走上社会的人对自我价值的判断，应该比别人的判断要更真实、更准确。

从道德的方面看，去相信那些充满自信的人，也是一种保险的做法。如果一个人开始怀疑自己的正直诚实，那么，离别人对他产生怀疑也不远了。道德上的堕落，往往最先在自己身上露出征兆。

德国哲学家谢林曾经说过："一个人如果能意识到自己是什么样的人，那么，他很快就会知道自己应该成为什么样的人。让他首先在思想上觉得自己很重要，很快，在现实生活中他也会觉得自己很重要。"

对一个人来说，重要的是我们要能够说服他相信他自己的能力，如果做到这一点，那么他很快就会拥有巨大的力量。"固然，谦逊是一种美德，人们越来越看重这种品质，"匈牙利民族解放运动的领袖科苏特说，"但是，我们也不应该轻视自立自信的价值，它比其他任何个性因素都更能体现一个人的男子气概。"英国历史学家弗劳德也说："一棵树如果要结出果实，必须先在土壤里扎下根。同样，一个人也需要学会依靠自己，学会尊重自己，不接受他人的施舍，不等待命运的馈赠。只有在这样的基础上，才可能做出任何知识上的成就。"

青少年应该培养自己的自信，使自己超越于一切狭隘卑贱的行为之上，从而与各种各样的侮辱绝缘，与不体面绝缘。"依靠自己，相信自己，这是独立个性的一种重要成分，"米歇尔·雷诺兹说道，"是它帮助那些参加奥林匹克运动会的勇士夺得了桂冠。所有的伟大人物，所有那些在世界历史上留下名声的伟人，都因为这个共同的特征而同属于一个家庭。"只有自信与自尊，才能够让我们意识到自己的能力，其作用是其他任何东西都无法替代的。而那些软弱无力、犹豫不决、凡事总是指望别人的人，正如莎士比亚所说，他们体会不到也永远不能体会到，自立者身上焕发出的那种荣光。

第二节　有尊严的生活从自信开始

不向任何人卑躬屈节，不容许别人歧视、侮辱，是"尊严"不变的内涵。只有自尊，才能受到别人的尊重。自尊心在平时需要培养，在特殊的情况下还需要捍卫。

霍克住在贫民区里，他的家庭状况可想而知。为了省下家里取暖的钱来给自己交学费，他必须到附近的铁路去拾煤块。霍克的行为受到了贫民区里其他的孩子家长的称赞，那些家长也拿他为榜样教育自己的孩子要向他学习，自食其力。但霍克却因此遭到那些孩子的嫉恨。有一伙孩子常埋伏在霍克从铁路回家的路上袭击他，以此报复。他们常把他的煤渣撒遍街上，使他回家时受到责备，他只能默默流泪。这样，霍克总是或多或少地生活在恐惧和自卑的状态中。

终于有一天，老师看到霍克脸上的伤，问起原因，霍克哭着说了事情的经过。老师问道："你觉得自己错了吗？"霍克马上坚定地回答："不，我没有错。"老师又说："那么，这种事情必须结束。霍克，你有力气拾煤块就应该有力气反击他们，记住：要为你坚持的东西而勇敢。"

第二天，在霍克拾完煤往回走的路上，看见三个人影在一个房子的后面飞奔。他最初的想法是转身跑开，但他很快记起了老师的话，于是他把煤桶握得更紧，一直大步向前走去，犹如他是凯旋而归的一个英雄。接下来便是一场恶战，三个男孩一起冲向霍克。霍克丢开铁桶，勇敢地迎上去，拼尽全力挥动双拳进行抵抗，使得这三个恃强凌弱的男孩大吃一惊。霍克用右拳猛击到一个孩子的鼻子上，左拳又猛击他的腹部，这个孩子便转身逃走了。霍克精神一振，更加奋勇地反抗另外两个男孩。他用腿绊倒了一个，再冲上去用膝部猛击他，而且发疯似的连击他的腹部和下颚。最后只剩下一个了，他是那三个人的领袖，他想突然袭击霍克的头部。霍克站稳脚跟，把他拖到一边，毫不畏惧地对他怒目而视。在霍克的怒视下，那个男孩一点一点地向后退，然后飞快地溜跑了。霍克从煤桶里抓起一块煤投向他，表示他正义的愤慨。

直到这时，霍克才知道他这一次的流血和伤痛是值得的，因为他克服了恐惧。他知道帮他赢得胜利的不是他的拳头，而是他捍卫自尊的渴望。从现在起的每时每刻，他都将"为坚持的东西而勇敢"，他要改变他的世界了。

自尊就是个人的尊严，是每个人都应该具有的，但并不是每个人都要像霍克那样用拳头和石头来捍卫它。真正懂得维护自尊的人也是能给别人应有的尊重的人，他的行为能赢得更多人的尊重，甚至可能改变一个人的整个人生。

有这样一个关于尊严的真实故事：有一富商闲来无事，就到大街上散步，刚走出不远，他看到前面有一个衣衫褴褛的铅笔推销员正满脸堆笑地向他走来，眼神里充满了渴望。富商见此，怜悯之心油然而生，毫不犹豫地将一元钱丢进推销员的怀中，就缓步走开了。他以为能听到一句感谢的话，回头看到的却是推销员那毫不领情的眼神，他才忽然觉得这样做不妥，就连忙返回，很抱歉地对推销员解释说："对不起，我刚才忘了拿笔，希望你不要介意。"说着便从笔筒里取出几支铅笔，最后又说："我们都是商人，都不能做赔钱的买卖。你有东西要卖，而且上面有标价，我照价付给了你钱，我也要拿走我买的东西。"

这件事过后富商并没有放在心上，他只是觉得对任何人都应该尊重，不管他自己是否需要。几个月过后，富商出席一个商业活动，作为公众人物，许多人都与他寒暄。快到中午用餐时，他身边的人不那么多了，这时一位穿着整齐的年轻人走上前来，用充满感激的目光注视着他。富商感到很纳闷，但一时也想不起来这人是谁。此时年轻人说话了："您早就不记得我了吧？我也是刚才知道您的名字，但不管您是一个名人还是一个普通人，我永远忘不了您。我是几个月前的那个铅笔推销员，感谢您给了我足够的尊严。在此之前，我一直觉得自己像个乞丐，一个推销铅笔的乞丐，不配得到任何人的尊重。因为很多的人都只给我钱，并没有拿走一件商品，他们都认为我是一个乞讨者，直到您走过来并告诉我，说我是一个商人。您虽然拿走了一元钱的铅笔，但却让我重新找到了尊严。您的话使我重新树立了自信，我立志要成为一个真正的商人，今天我做到了。谢谢您！"没想到简简单单的一句话，竟使得一个处境窘迫的人重新树立了自信心，并且通过自己的努力终于取得了可喜的成绩。

一个人应该拥有自尊，但他更应该给别人以同样的尊敬。只要一个人的内心是和善的，心灵是美好的，那他一定是一个懂得自尊并尊重他人的人。

第三节　没有人能取代你

称得上胜利者的人，大都认为自己是不可替代的！人在相信自己是最棒的、是第一的时候，会达到力量与精神上极度的巅峰状态，进而带来强烈的行动力与决断力。相信自己，有付出必有回报，不历经风雨，怎能见到彩虹呢？

每天都要大声地告诉自己：我是不可替代的，我一定能成功！

一个人一旦失去了信念，就会对所有的一切都失去了信心，必然会在迷茫中失去行进的目标，就不知道脚下的路会延伸到什么地方，还有多远的路要走。

坚信自己，这才是最重要的。不要只按别人的意愿来选择人生。借鉴别人的精妙之处，观察别人的成熟之路，倾听别人的经验之谈，都可以，但要有自己的方向，明白自己在做什么，是否有信心做好，选择最合适自己的去做。

你应该相信自己，相信"天生我才必有用"。只要你认准了方向，确立好人生目标，然后向着目标心无旁骛地前进，相信你一定会到达成功的彼岸。

你所做的事，别人不一定做得来。而且，你之所以是你，必定有些相当特殊的地方——我们姑且称之为特质吧，而这些特质又是别人无法效仿的。要是你不相信的话，不妨想一想：有谁的基因会和你完全相同？有谁的个性会和你丝毫不差？

所以，你应该相信：你存在于这世上的个性是别人无法取代的。

当然，不要幻想生活总是那么圆满，也不要幻想能在生活中永远享受春天。每个人的一生都注定要经历沟沟坎坎，品尝苦涩与无奈，经历挫折与失意。

生活中的不幸，是人生不可避免的，而这些不幸早晚都会过去，时间会冲淡痛苦的感觉。用"这没有什么了不起"这句话反复暗示自己。绝不能因不幸的打击就变得憔悴万分，应即时振作起来，做你应做的事情。

不过，有时候别人（或者整个大环境）会怀疑我们的价值。所谓"三人言而成虎"，久而久之，连自己都会对自己的重要性感到怀疑。不要让这类事情发生在自己身上，否则你会一辈子抬不起头来。

记住，你有权利去相信自己，并且要始终坚定不移地相信：我一定行！

记住，你生来就是一名冠军！你是天生的赢家！

要充分肯定自己。你认为自己是怎样的人就会有怎样的表现，这两者是一致的。你认为自己是个有价值的人，结果你就会变成一个有价值的人，做有价值的事。

假如你希望自己变成更有自信的人，你就应该经常想：我是最好的！我是最棒的！当你脑海中重复想象自己最有自信时，你可以看到画面，听到声音。没多久，你就会发现，自己变得真的很有自信，你的行为也都会配合着你的思想去行动。你的思想改变了，行为也就会随着改变！

第四节　敢于肯定自己

成功人士都知道，在人生中他们可以控制的一个层面就是自己的想法。除了得到他人的赏识外，最重要的是先肯定自己，好好发挥自己的才能。

人们所欣赏的成功人物大都是在竞争中脱颖而出的人。他们具有常人所不具备的坚韧毅力，他们勇于拼搏、不断进取。

不断挑战自我，超越他人，崇尚竞争，才能使自己在激烈的竞争中脱颖而出。

人可以长时间努力工作，创意十足，聪明睿智，才华横溢，甚至好运连连，但是，假若人无法在创造过程中了解自己想法的重要性，一切都会落空。

在成功、财富以及繁荣的创造中，最重要的元素来自内心——你的想法。坚持一些特殊的想法，不论是好是坏，都会对性格和环境产生一些影响。人无法直接选择环境，但可以选择自己的想法。这样做虽然间接，但必然会塑造自身的环境。

假如你能够窥探成功人士的内心，你便会发现他丰富的成功想法。

为了创造外在的财富，首先必须内心的想法。同时，必须看见自身成功的模样，成功地在心中演出你的抱负与梦想。

自然界有一条定律，弱者拥有自己的空间。确实，无论强者弱者都有一套使自己适应环境的本领，只要你认真地活着，并不十分在意自己的强大与弱小，只要你拥有自己游刃有余的空间，充分发挥自身的优势，到那时，你的优势就会弥补你的不足，获得他人苦苦求索也不一定能得到的东西。

"寸有所长，尺有所短。"这个世界上没有十全十美的人，但一定要相信自己是不可替代的。要为我们拥有的东西感到快乐，在快乐中追寻我们的理想。要用独特的自我来打造自己的信心。

你不比任何人强，但也不比任何人差。你不必拿自己和其他人比较，来判断自己是否成功，应该拿自己的成就和能力来判断自己是否成功。

励志成功大师拿破仑·希尔指出：在每一天的生活中，假如你都能尽力而为，尽情而活，你就是"第一名"！

相信自己是不可替代的，乃是获得成功不可或缺的前提。怀有信念的人是了不起的。他们遇事不退缩，也不恐惧，即使稍感不安，最后也能自我超越；他们健壮而充满活力，令人感觉到他们似乎能解决任何问题。凡事全力以赴，在做每一件事情之前都会大声地对自己说："我是不可替代的。"最终成为胜利者。

遗传学家告诉我们，每个人的基因都是由 24 对染色体结合而成的。阿姆拉姆·善菲尔德在《你与遗传》里说："每个染色体里面都有成百个遗传基因，每一个基因都能改变你的生命。所以在这个世界上你是独一无二的，这是你的财富和骄傲。"任何创造性的劳动都是个性鲜明的，而上天给你的正是独一无二的个体和个性。

有人认为任何称得上艺术的作品都是"自传性的"作品，因为他必须具有独一无二的个性，就如同世间找不到和原创一样的复制品。

要取得事业成功、生活幸福，重要的是要有积极的心态，要敢于对自己说："我行！我坚信自己！我是世界上独一无二的人！"

第五节　自信是成功的最大资本

拥有自信不是什么很困难的事情，但也不是那么简单。想要拥有自信，首先就要了解什么是真正的自信，用自信增添成功的资本。

真正的自信与外在的物质毫无关系。假如你是因美丽而自信，当你年老色衰时又如何？假如你是因为金钱而自信，世事无常，钱财散尽那天你又该怎么办？假如你是因为拥有权力而自信，失去权力那天你又该怎么办？

信心是一种心境，有信心的人不会在转瞬间就变得消沉、沮丧。以自信的心态行事的人，以胜利者心态生活的人，以征服者心态做行在世界上的人，与那种以缺乏自信、卑躬屈膝、唯命是从的被征服者的心态生活的人相比较，他的人生道路将会有天壤之别。

任何一个人都希望可以随意做自己喜欢的事，要做一个具有自制力的人并不那么容易，这就好比是向自己的惰性挑战，滋味当然比不上随心所欲来得舒服。

有了自制能力，你才能掌握行为的对错与方向。因为有了自制的能力，才有可能兑现对自己的承诺。兑现了对自己的承诺，你才会相信自己，并最终抵达目标。

办公室同事起哄要去吃大餐、唱卡拉 OK 时，你为了下班后的自我进修而放弃；当一群人在身旁大谈办公室闲话时，你即使知道再多的内幕，也可以克制住不去插一嘴；当有人以各种好处收买人心，大部分获利的人都在窃喜时，你却仍然不为所动……

这些在生活中培养出的自制力，会让你成为一个有原则、有所为有所不为的人，这些都可以为你累积自信的实力与基础。

假如你想征服世界，你就应先征服自己。能征服自己的情感也就征服了生活。信心能够感染你周围的人，更能带来成就与财富。假如你是位领导者或发起人，你的信心将会直接影响下属和追随者的信心，尤其在关键时刻，就更应该表现出你的自信与冷静。假如你本人都已丧失了信心，其他人一定会更加慌乱，更加不知所措。

假若你有自制力，也了解自己，而且对自己诚实，但缺乏实践，一切还是空谈。

实践可以从任何一件事情开始，从现在开始。为了激发出连你自己都不知道的潜能，你可以决定每天做一件你不喜欢做的事情。或许你原本很不喜欢与人打交道，今天却试着主动与朋友们打招呼问好；或是最讨厌胡萝卜的味道，但是你愿意午餐时尝试吃这道菜。当你开始实践时，你会发现种种生活中的小创意和发现，都在等着你去挖掘。

还有一种方法就是给自己一项任务，这个任务由自己来决定，它可以是随时保持房间干净清爽一个月，可以是每个月造访一个陌生的城市、乡镇，也可以是每星期待在图书馆两个小时，或是连续两个月不化妆……

无论是什么样的任务，只要你去认真投入地实践，你将会渐渐看到自己越来越多的可能性，你也会开始认知生命的多彩与丰富，自信也会张开双手去迎接你。别忘了，一定要去实践！

第六节　自信为未来指明航向

自信的树立乃是基于两个基本因素：一是对自己在充分认识的基础上的肯定；二是以积极的心态对待身边的人和事。

人生前途的成败得失、幸福与否，关键在于自信的有无。这一点美国旅馆大王、世界级的巨富威尔逊的经验可以给我们启示。

威尔逊在创业之初，全部家当仅有一台分期付款买来的爆米花机，价值50美元。第二次世界大战结束后，威尔逊做生意赚了点儿钱，便决定做地皮生意。假如说这是威尔逊的成功目标，那么，这一目标的确定，就是基于他对自己的市场需求的预测充满了信心。

当时，在美国从事地皮生意的人很少。由于战后人们一般都比较穷，买地皮修房子、建商店、盖厂房的人很少，地皮的价格也很低。当亲朋好友听说威尔逊要做地皮生意时，异口同声地反对。

而威尔逊却坚持自己的主见，他认为，虽然连年的战争使美国的经济不景气，但美国是战胜国，它的经济会很快进入大发展时期。到那时，买地皮的人一定会增多，同时，地皮的价格会暴涨。

因此，威尔逊用手头的全部资金加一部分贷款在市郊买下一片很大的荒地。这片土地由于地势低洼，不适宜耕种，所以很少有人问津。但是，威尔逊通过实地考察后，还是决定买下这片无人问津的荒地。他认为，美国经济会很快复兴，城市人口会日益的增多，市区将会不断地扩大，必然向郊区延伸。在不远的将来，这片土地一定会变成黄金地段。

之后的事实果然如威尔逊所料。不出3年，城市人口剧增，市区迅速扩展，大马路一直修到威尔逊买的土地的边上。这时，人们才发现，这片土地周围风景宜人，是人们夏日避暑的好地方。因此，这片土地的价格倍增，许多商人竞相出高价购买，但威尔逊不为眼前的利益所惑，他还有更长远的打算。之后，威尔逊在自己这片土地上盖起了一座汽车旅馆，命名为"假日旅馆"。因它的地理位置好，舒适方便，开业后，顾客盈门，生意十分兴隆。从此以后，威尔逊的生意越做越大，他的假日旅馆逐步遍及到世界各地。

威尔逊的经验告诉人们：自信与人生的成败息息相关。然而在日常生活中，自卑感往往伴随着许多人。如何摆脱自卑、获取自信呢？

在非洲曾有一个农场主，一心想要发财致富。一天傍晚时分，一位珠宝商前来借宿。农场主对珠宝商提出了一个藏在他心里几十年的问题："世界上什么东西最值钱？"

珠宝商回答说："钻石最值钱了！"

农场主接着问："那在什么地方可以找到钻石呢？"

珠宝商回答道："这就难说了。或许在很远的地方，也有可能在你我的身边。我听说在非洲中部的丛林里蕴藏着钻石矿。"

第二天早上，珠宝商离开了农场，四处收购他的珠宝去了。农场主却激动得一宿未合眼，并马上做出一个决定——将农场以低廉的价格卖给一位年轻的农民，就匆匆上路，去寻找远方的宝藏。

第二年，那位珠宝商又路过农场。晚饭后，年轻的农场主与珠宝商在客厅里闲聊。突然，珠宝商望着书桌上的一块石头两眼发亮，并郑重其事地问年轻的农场主，这块石头是在哪里发现的。农场主说就在农场的小溪边发现的，有什么不对吗？珠宝商很惊奇地说这不是一块普通的石头，这是一块天然钻石。之后，他们在同样的地方又发现了一些天然钻石。经过勘测发现，整个农场的地下蕴藏着一个巨大的钻石矿。而那位去远方寻找珠宝的老农场主却一去不返，据说他成了一名乞丐，最终跳进尼罗河里了。

对自身的资源充分了解，也就树立了自信的前提。最可贵的宝藏往往不在远方，而在于我们自身，这也是我们树立自信的客观基石。

第七节　谁说我不行

诗人、作家歌德说："人的一生中最重要的就是要树立远大的目标，并且以足够的才能和坚强的忍耐力来实现它。"

我们几乎随处都能见到这样的人，他们一生都做着简单而又平常的事，他们似乎也因此就满足了，但事实上他们完全有能力做一些更复杂的事，只是他们不相信自己能胜任。

很多人没有足够的进取心来开创自己伟大的事业，因为他们的期望值很低，不愿意从一点一滴做起，开创一项伟大的事业。生活目标的狭隘限制了他们确立宏大的进取心。

雄心壮志使得美丽的人生有了可靠的基石，它督促人们去完成任务，帮助人们去抵抗那些足以毁灭人们前途的诱惑。

假如人类没有创造世界和改进自身条件的雄心壮志，世界将会处在多么混沌的状态啊！

和为了实现雄心壮志而进行的持续努力相比，没有什么东西可以如此的坚定人们的意志。它引导人们的思想进入更高的境界，把更加美好的事物带进人们的生命。

有什么比追寻生命价值更高尚的理想吗？在不同的文明下，人们的理想也不同。一个人或一个国家的理想与其现实条件和未来发展潜力是息息相关的。

每个人身上都有最优秀而独特的地方，这份优秀只属于你自己。而一个人成功与否，取决于他能否发现自己的优势，并全力将它发挥出来。只有了解自身的优势，最大限度地发挥自身的专长，才能让你登上人生的绚丽舞台。

我们要通过正确地评价自己来发现自己的长处、肯定自己的能力。自我评价的方向和内容对人自身有很大的关系。只看自己的缺点，好像千百遍地听人说"你这不行，你那不行，不准干这，不准干那……"从来不知道自己哪儿行、不知道要干什么，这种情景是令人非常绝望的。反之，如果自我评价的方向是正面的、自我肯定的，能够准确发现自己有长处有优势，自己不仅会由此产生积极的情感体验，同时将更有可能发展出好的行为，产生良好的结果。

因此，让我们大声地告诉自己："我能行！"

第八节　不要怀疑自己

永远相信自己，无论你拥有怎样的雄心壮志，都要集中精力为之努力，而不要左顾右盼、意志不坚。不要给自己留畏缩的退路，要一心一意为了理想而奋斗。只有集中精力才能获得自己想要的成功。

在人的一生当中，总会遇到各种困难与挫折，在这种情况下，要勇敢地对自己说声"我能行"。

每个人都渴望成功，但是在成功路上也可能会充满荆棘。如果你放弃，那么你永远不会成功；如果你不断地坚持，告诉自己能行，总有一天你会得到成功。

卡耐基说："要想成功，必须具备的条件是：以欲望提升自己，以毅力磨平高山，并相信自己一定会成功。"永远相信自己，假如你真的能做到，那么你离成功已经不远了。

假若你的动力足够大，那么与之匹配的能力也将随之而至。在你面前如果有十分有吸引力的奖品在激励着你，那么，你一定可以变得更加敏捷，更加细致而勤奋，更加机智而思虑周全，而且会有更加稳健清晰的头脑，你也一定会获得更好的判断力和预见力。

每个人都有巨大的潜能，只是有的人潜能已苏醒，有的人潜能却还在沉睡中。任何成功者都不是天生的，成功的关键在于开发出无穷无尽的潜能。只要你能以积极的心态去开发自我的潜能，就会有用不完的能量。你的能力就会越用越强，你离成功也就会近在咫尺了。反之，假如你抱着消极的心态，不去开发自己的潜能，任它沉睡，那你就只能自叹"命运不公"了。

曾有一个农夫在高山之巅的鹰巢里捉到一只小鹰，他把小鹰带回家中，养在鸡笼里面。这只小鹰与鸡一起啄食、嬉戏，它认为自己也是一只鸡。

这只鹰渐渐长大了，羽翼也丰满了，主人想把它训练成猎鹰，可是，因终日与鸡混在一起，它已变得与鸡完全一样了，根本没有飞的能力了。农夫试了各种各样的办法，都毫无效果，最后把它带到了山顶上，一把将它扔了下去。这只鹰，像一块石头似的，直掉下去，慌乱之中它拼命地扑打着翅膀，就这样，它最后竟然飞了起来。

或许你会说："我已懂你的意思了。但是，它本来就是鹰，不是鸡，它才能够飞翔。而我，或许原本就是一个平凡的人，我从来没有期望过自己能做出什么了不起的事情来。"这正是问题的所在——你从来没有期望过自己能做出什么了不起的事情来，你只把自己钉在自我期望的范围内。

事实上，开启成功之门的钥匙，必须由你亲自来打造，而这正是释放你的潜能、唤醒你的潜能的过程。

第九节　要有必胜的信念

用胜利坚定自己的信心，成功的法则应该是放松而不是紧张。直面你的责任感，放松你的紧张感，把你的命运交付于更强的力量，真正对命运的结果处之泰然，在你成功时，你的自信也会得到强化。

你对自己有自信吗？你对自己有过高的评价或认同吗？若回答"是"，你就会有一个很棒、很自信的自我；假如你对自己有一个很卑微的看法，并且也不太尊敬自己，那你就会有一个软弱的自我。

你就是你的镜子。你在任何时候都应该尽自己所能，尽量做到完美，即使有时候你的最好可能是"1"，而在其他的时候你的最好可能是"10"的水平。你不必因自己无法完全地表现出自己最好的能力而感到羞愧。或许在当时这种水平已经是够好的了，你要了解你一直都会感受到那些超越自己控制自己的力量。你能够控制的事情仅仅是你的态度、观点，以及情绪。

在你生活中的某个片段上，你会感到特别强烈的自信吗？你做什么事能够比其他任何人做得都好？在你的生活中，你做的最成功的事是什么？假若你在某件事上做得比以前更好，你会发现自己好像一个胜利者，你的自信会在那个领域上强化，并且改进你在所有领域上的自我。

然而，在你坚定自信的这一过程当中，第一步就是找出你人生中最擅长的或最想要改进的东西。一旦你清楚地知道了它是什么时，你会变得更擅长这项工作。

首先，设定一个基础线，就是决定你现在要如何来做它。接着，决定你想要用什么方法来把它做得更好，不管是什么目标都可以适用。现在进入你想达到的水平，并且朝那个目标努力，持续下去，直到你成功为止。不断与自己竞争，你就会成功。你能适应这种成功的习惯，就会胜利，同时你的自信也会很快得到改善。

你若一遍又一遍对自己说"我不行"，那你肯定无法成功，因为意志的妥协会让你在困难面前轻易退缩，自然也就不会为战胜困难而付出努力了，最终的结果是你一定无法取得成功。而这失败的结局又成为你自我判断的新"佐证"，令你更加确信自己不行。如此长时间反复，你最初或许只是出于胆怯或是谦虚而对自己做出"不行"的评判，居然就变成了事实，这可笑的结局难道不正是"说不行就不行"吗？

假如仅仅是因为缺乏根据的主观原因而底气不足，那你最好放弃对自己的判断，尝试着给自己一个全新的提示："我没做过这事，怎么知道自己不行？别人说难办，只说明他们的经验有限，我跟他们并不一样，要具体情况具体分析，究竟行不行，先试试再说。"而这实际上是在暗示，只要你勇于尝试，你就能行。凭着这种积极的心理暗示，你就为自己提供了无限的精神动力。自信心就好比是埋藏在人们心中的一颗种子，它在适当的土壤与气候的滋养下，就会萌发并茁壮成长。自信可以说是强者的品质，它不是盲目地自以为是，而是有必胜的信心和意志，相信通过自身的努力与奋斗绝对能达到一定的目标，取得一定的成绩——这就是人们应该培养的积极的心理暗示。无数事实证明，只要意志不输，你就是无往不胜、不可征服的。

一千次的失败能换回一次的成功，他就是一位伟大的人。千万不要在败给对手前就败给自己。把所有的顾虑、所有的担忧都抛到脑后，不管遇到多么大的困难，也要笑着告诉自己："我能行！"不管面对多大的压力，也要轻松地给自己打气："我能行！"

许多人在竞争中失败，并不是由于自身的失误，他们不再进取的原因仅缘于不相信自己能行。他们中的一部分人缺乏坚韧、目标和意志，而其他一些人则缺乏决断力与勇气。这些不幸的人假如能再坚持一下，或许就可以获得成功了。

第五章　培养刚毅迎接挑战

进入 21 世纪以后，随着生活节奏的加快，人人都面临着巨大的压力。职场中人面临着就业、择业的压力，独自创业者面临着创业的压力。在这种形势下，软弱、不思进取者终将被淘汰，唯有培养刚毅的性格方能适应这个时代。刚性是一种力量美和沧桑美，刚性是不屈不挠的精神和自信性格的体现。

第一节　在逆境中铸造刚毅

刚毅拯救了尘俗边缘的灵魂，摒弃了世俗的舒适和安逸带来的贪恋、犹疑、怯懦，所有的困厄在刚毅面前最终只能销声匿迹。

刚毅体现壮美，这种壮美势必摈弃盲目的追求和取舍，让思想更深刻，心灵更坚韧，品德更高尚。

自然而完美的高音，唯有帕瓦罗蒂！

他是一个从小生长在家境十分贫寒中的苦孩子，有一个做面食师的父亲，雪茄厂做工人的母亲，收入的微薄却从未阻止一个孩子对歌唱的执著。

声乐课后的帕瓦罗蒂还要做每个月仅 8 美元的家教，这对他是杯水车薪。于是他又做保险，却又因此导致声带受损，无法发音。这对于他无异于雪上加霜。疾病几乎令他却步！但他的骨子里却一直涌动着顽强不息的斗志。

痊愈后的帕瓦罗蒂开始在意大利一歌剧院演出。他备受排挤、压制，表演的机会少得可怜，但他始终没有放弃潜心苦练。1963 年世界著名指挥家冯·卡拉扬发现了这个人才。在 1970 年《军中女郎》的一个咏叹调，他以一连串爆发

9 个高音 c 的奇迹，征服了美国音乐人郝伯特·布莱斯林，同时也征服了世界。一个穷孩子成长为男高音歌唱家，靠的就是与困境进行的顽强斗争的精神。

弥尔顿有句名言："谁最能忍受苦难，谁的能力就最强。"乘风破浪，顽强拼搏。苦难或许是上帝送给人最好的礼物，通过艰苦磨炼才会造就不屈不挠的人。

苦难往往是经过化妆的幸福。"黑暗并不可怕。"一位波斯圣哲说。苦难往往是令人心酸的，但它又是有益于身心的。不屈不挠的人是自信的，他的人生字典写满成功；不屈不挠的人是刚强的，他总有一个支撑自己的精神支柱。最高尚的品格是不屈不挠磨炼出来的，一颗坚韧而又刚毅的心灵从炼狱般的锻造中所获取的要比从安逸享受产生的成功多得多。

同一种命运，对刚毅的人和懦弱的人会有不同的结局。懦弱的人屈从命运，刚毅的人用不屈不挠的精神改造命运，锻造人生。

莎莉·拉斐尔是美国著名的电视节目主持人，曾经两度获奖，在美国、加拿大和英国每天有 800 万观众收看她的节目。可是她在 30 年的职业生涯中，却曾被辞退 18 次。

刚开始，美国大陆的无线电台都认定女性主持不能吸引观众，因此没有一家愿意雇佣她。她便迁到波多黎各，苦练西班牙语。有一次，多米尼亚共和国发生暴乱事件，她想去采访，可通讯社拒绝她的申请，于是她自己凑够旅费飞到那里，采访后将报道卖给电台。

1981 年她被一家纽约电台辞退，无事可做的时候，她有了一个节目构想。虽然很多国家广播公司觉得她的构想不错，但因为她是女性，还是没有公司愿意雇佣她。最后她终于说服了一家公司，受到了雇佣，但她只能在政治台主持节目。尽管她对政治不熟，但还是勇敢尝试。1982 年夏，她的节目终于开播。她充分发挥自己的长处，畅谈 7 月 4 日美国国庆对自己的意义，还请观众打来电话互动交流。出人意料的是，节目很成功，观众非常喜欢她的主持方式，所以她很快成名了。

当别人问她成功的经验时，她发自内心地说："我被人辞退了 18 次，本来极有可能被这些遭遇所吓退，做不成我想做的事情。结果相反，我让它们鞭策我前进。"

正是这种不屈不挠的性格使莎莉在逆境中没有一蹶不振、默默无闻地度过一生，走向了成功。

第二节　在隐忍中铸造刚毅

　　绝望与愁苦永远不能使心灵真正坚强，使人生真正成熟。困厄中徘徊犹疑的人们，只有用钢铁般的性情隐忍地跋涉，才能让一切苦难在你面前黯然失色。心灵的强大需要的是信仰和毅力，品味的不是惨淡苦笑的气息，而是超脱后的平静与安宁。

　　写《哈利·波特》的罗琳女士，她凭什么能从一个穷困潦倒的小女子一举成为身拥亿万文化产业的写手富婆？——靠的也是刚毅。27岁那年，她备受重创：离异打击，经济窘迫。那时的她，跌入人生的谷底，失业、无收入、无积蓄，带着不满周岁的女儿……可她却没有就此屈服，硬是在最困苦潦倒的日子里写出了《哈利·波特与魔法石》，以后又写出第二部、第三部、第四部……结果，她凭此一举征服了全世界不同肤色的少年儿童。

　　成功者之所以成功，失败者之所以失败，原因就是骨子里是否有那种自强不息的刚毅。

　　"不经战斗的舍弃是虚伪的，不经劫难的超脱是轻佻的，逃避现实的明哲是卑怯的；中庸，苟且，小智小慧，是我们的致命伤。"不经受苦难的创痛，生命难以圆满；不克服人生的平庸、凡夫俗子难以成就完美灿烂的人生。刚性的人生弥漫着一种不折不扣的意志力，一种向命运抗争和挑战的精神，预示着对生命的征服。

　　生活中，很多人常常因为勇气不足，而主动放弃了追求远大的目标。自叹"时运不济"，自认倒霉。在打击和磨难面前，仅仅停留于无休止的叹息，这只会削弱你和厄运抗争的意志，使你在无可奈何中消极地接受现实。

　　怨天尤人，诅咒命运，这又是一种态度。现实终归是现实，并不因为你埋怨和诅咒它而有所改变。从来没有人能从埋怨和诅咒中得到好处。事实上在诅咒之中真正受到伤害的并不是诅咒的对象，而只是诅咒者自己。

　　鲁迅说得好："伟大的胸怀，应该表现出这样的气概——用笑脸来迎接悲惨的命运，用百倍的勇气来应付自己的不幸。"生活中遭遇到不幸的人，就应表现出鲁迅说的那种"伟大的胸怀"。以隐忍锻造刚性的人生，以刚毅的精神同厄运斗争。征服了厄运，你就会赢得命运的垂青。

客观世界不断地向前发展，社会不断地前进，因此每一个人都应该不断地加强自我，不断地更新自我。

苏联火箭之父齐奥尔科夫斯基 10 岁时，染上了猩红热。持续几天的高烧，引起了严重的并发症，使他几乎完全丧失了听觉，成了半聋。他默默地承受着其他孩子的讥笑和无法继续上学的痛苦。他的父亲是个守林员，整天到处奔走。因此教他读书写字的担子就落到妈妈身上。通过妈妈耐心细致的讲解和循循善诱的辅导，他进步得很快。可是当他正在充满信心地自学时，母亲却患病去世了，这突如其来的打击，使他陷入了极大的痛苦。他不明白，生活为何如此艰辛？为什么这么多的不幸都落到了他的头上？他今后该怎么办？父亲抚摸着他的头说："孩子，不要气馁，一定要有志气，靠自己的努力走下去！"是啊！学校不收，孩子们在嘲弄，今后只有靠自己了！

年幼的齐奥尔科夫斯基从此开始了真正的自学道路。他从小学课本、中学课本一直读到大学课本，自学了物理、化学、微积分、解析几何等课程。这样，一个耳聋的人，一个没有受过任何教授指导的人，一个从未进过中学和高等学府的人，由于始终如一的勤奋自学、刻苦钻研，终于使自己成了一个学识渊博的科学家，为火箭技术和星际航行奠定了理论基础。

这告诉人们，只有自强不息的人才能最终走向成功。

18 世纪，天花这种可怕的瘟疫在欧洲和亚洲蔓延着。在英国，几乎每个人迟早都会传染上这种病，许多成年人的脸上和身上都有天花留下的难看的疤痕。成千上万的人由于病情严重而变成瞎子或疯子，每年死去的人不计其数。

免疫法的发现者——英国的琴纳，当时还是位年轻的医师，他立志向天花宣战。他在家乡伯克利行医时，发现牧区挤奶女工从来不患天花。原来她们在挤牛奶时，无意中接触了患天花的奶牛的脓浆，传染上了牛痘，手上便长出了小脓疱。开始时稍感不适，但很快就好了，以后就再也不患天花了。琴纳由此产生了一个大胆的设想，用人工接种牛痘，预防天花。

在动物身上做实验成功了，在人身上种牛痘会不会有危险呢？决心为人类解除天花危害的琴纳，决定拿自己的儿子作为接种牛痘的第一个试验者。这个想法马上招致了他的妻子、亲属和朋友们的反对，说他发疯了，这样会害死孩子的。琴纳忍受着亲友们的责难，果断地把痘浆种到了儿子的胳膊上。几天以后，儿子度过了微微的不适而安然无恙。两个月后，他又把天花病人身上的浓液种到了儿子的身上。忧虑难熬的日子，一天又一天、一个星期又一个星期的过去了。儿子一直没有被传染上天花。妻子的脸上露出了笑容，琴纳更是欣喜若狂。

但是，琴纳的研究不仅没有马上得到社会的承认，反而引起了一场轩然大波。教会散布言论，说以牲畜的疾病来传染人是"亵渎上帝"的行为，"接种牛痘是魔鬼的诺言"。许多报纸鼓吹种了牛痘会使人身上长出牛角，发出尖叫的声音，甚至耸人听闻地说，儿童种了牛痘，全身会长出牛毛，面孔会变成牛的模样，像牛一样咳嗽，眼睛像公牛一样斜着看东西。一些受了蛊惑的人，包围了琴纳家的房子，向屋内扔砖头，谩骂并拦截就诊的病人。

这时候，琴纳的妻子站了出来，坚定地支持丈夫的研究。她鼓励并随同丈夫到伦敦去请求著名科学家的帮助与支持，以宣传和推广牛痘接种法，使更多的人尽早免于疾病的折磨。她拿出了家里的积蓄，帮助琴纳出版了《接种牛痘的原因和效果的调查》。最后，真理终于战胜了邪恶，琴纳赢得了承认和称颂。

拥有刚性的性格可以战胜一切艰难险阻，任何困难和挫折都不能阻止他们前进的脚步，忍受压力而不气馁，勇于知难而进，是最终成功的要素。努力锤炼性格的刚性，人人都可以走向成功，也只有这样才能更好地适应社会的发展，在充满竞争的社会中始终立于不败之地。

第三节　刚毅是壮美的源泉

如果再回到远古时期，会是怎样的情形？

10个太阳肆无忌惮地在天空燃烧，人们在无处躲藏的焦灼中苟延残喘地挣扎在命运的边缘；

巨浪狂飙无情地吞噬着赖以求生的土地，人们在冰冷的海风呼啸中咀嚼着无边的饥饿；

愚公在庭院闲看，不想移动太行、王屋二山，那么人们仍旧会在荆棘中挥动臂膊，闭锁于九曲回肠的路上……

而现在，阳光温暖地倾洒它的柔和，海风轻轻地吹，道路在宽阔地向远方绵延……人们惬意纵情地享受着……

人类百折不挠、千锤百炼的意志和品格所带来的人性的光辉在轻缓地流淌着……

他们骨子里那种刚毅把他们推向生命的制高点来俯视人寰。因为他们将所有的智慧、勇气、耐力和坚强全都化成了博大而深沉的壮美!

于是"后羿射日""精卫填海""愚公移山"全都凝结成了骨髓中掷地有声的刚性。它有铮铮的傲骨,磐石般的坚韧,傲雪寒梅一样的铿锵。它摈弃了莫名的恐惧,无端的忧虑,让生命在大刀阔斧中昂然挺进!

关汉卿笔下的窦娥,被打得魂飞魄散、皮开肉绽也没有屈服。为抨击"为善的受贫穷更命短,造恶的享富贵又寿延"的黑暗社会的不公,对天立下"无头愿":六月飞雪、血溅白练、大旱三年,逼令天地来昭示她的冤屈。她凛凛的不可屈的气概和反抗的精神,令上苍动容,那种不屈的力量熠熠呈现着壮美。

托尔斯泰说过:"一个人看上去很平常,等到严酷的命运来敲它的门,一种伟大的力量——人类刚性的壮美,就在他心中汹涌。"于是崇高感因此而来。惊赞,敬畏,庄严,豪迈,萦绕在心中。这种刚性的壮美,是难以用言语倾诉的;有了这种美的感召,人们势必摈弃盲目的追求和取舍,让思想更深刻,令心灵更坚韧,品德更高尚。

没有在生活的熔炉中真正锻造过的人,体会不到生活赐予他的那种历经岁月的沧桑之美。没有刚毅性格的人,同样无法在人生的潮起潮落中领略走过沧桑的壮美!打造刚毅的性格,你才能在坎坷跌宕的人生中泰然处之,尽现壮美。

第四节 刚毅能主宰命运

坚韧是一种刚强,坚韧是一种体现生命弹性的品格,坚韧是一种性格的魅力,坚韧是在坚持中体现出的一种韧性,它显得更理性,更富有张力。

具有坚韧性格的人是明知不可为而为之、是夹缝里求生存、是明知山有虎偏向虎山行的人。坚是一种特性,坚不可摧就是此意。老子说:"兵强则灭,木强则折。"因此只有坚是不行的,还得有韧,韧是顽强的意志力和超强的忍耐力。具有坚韧性格的人是无敌的，这种人做事专一，永不放弃，不屈不挠，不达目的誓不罢休。这种性格的人无论从事什么职业都会成功，因为他们决不轻言放弃。

湖南邵阳农民赵菊春在挑战人生的过程中表现出的坚韧性格令人赞叹不已。作为一个生活在社会底层的农民，他虽然只读了几年的书，却写出了《挑战人生败局》一书。那是因为他有强烈的自我意识，不甘于命运的摆布。为了生存，年轻的时候，他也曾进行过各种生存方式的尝试，甚至去参与赌博，参与黑社会组织。可贵的是，他有一颗善于反省的头脑，他对自己的所作所为进行反思之后，毅然下决心靠自己的汗水和智慧，开创自己崭新的人生。

于是，他借钱开了一个水晶石加工厂，但时运不济，由于市场不景气、技术落后等诸多原因，一年之后，他的水晶石加工厂倒闭了。钱没挣到，反而欠下了许多债务。

但他并没有被打倒，他决不屈服于命运的打击，他要抖擞精神，继续奋斗。一个风雪交加的早晨，他来到了北国名城大庆，开始了新的创业生涯。他在大庆开了一家眼镜店，以良好的信誉和周到的服务，被大庆人称为"最有人情味的商人"。

后来，他又来到北京，投资文化产业。如今，他的博源慧田文化公司已成为京城文化大军中一支不可忽视的劲旅。正是不甘屈服、坚韧的性格成就了赵菊春。

爱迪生是个天才，他有着普通人无法企及的天赋，但正像他自己所说的："天才是98%的汗水加上2%的灵感。"爱迪生的一生是传奇的，他坚韧的性格、锲而不舍的努力造就了他辉煌的事业。他一生共有发明2000多项，被称为"发明大王"。爱迪生从小就有着超强的好奇心，对什么事都想知道其背后的原因。不仅如此，对什么事情他都想自己动手尝试一下。在爱迪生研制电报机的时候，他有时一个星期也不离开实验室。饿了啃几口面包，渴了喝几口清水，废寝忘食地工作，甚至置自己的新婚妻子于不顾，专注于他的研制工作。他发明电灯的过程更是突出表现了他坚韧的性格。在进入实验之前，他在电灯方面建立了3000多种理论，每一种理论似乎都可能变成现实。他锲而不舍地一一进行实验，最终确定只有两种理论可以行得通。他是一个工作狂，只要进入他的实验室，进入他的工厂，他就忘记了身边的一切。

有的人遭遇到挫折或不幸时，就会怨天尤人，哀叹自己命不好，或认为一切都是命中注定的。其实，真正主宰命运的是自己，而不是冥冥中的命运，坚强的人前行的步伐绝对不会被任何东西所阻挡。

被人誉为乐圣的德国作曲家贝多芬一生遭到了数不清的磨难，贫困几乎逼得他行乞；失恋、耳聋，几乎毁掉了他的事业。可是，贝多芬并未一蹶不振，而是向命运挑战！在他两耳失聪、生活最悲惨的时候写出了他的最伟大的乐曲。正如他给一位公爵的信中所说："你之所以成为公爵，只是由于幸运的出身；而我成为贝多芬，则是靠自己。"

俗语说："刀靠石磨，人要事磨。"的确，唯有耐得往事磨的人，在经过一番寒心彻骨的历练后，才能够在山穷水尽疑无路之际，明智地把握住机会，寻得柳暗花明又一村的景象，将事业危机化为转机，进而开启良机，成就出色的事业。

历史上那些赫赫有名的大人物鲜有一开始就平步青云、大展宏图的，这些人反而多是几经浮沉的。就因过程坎坷起伏，使他们有克服万难的信念，最后竟迂回地走过许多陷阱与险境。

日本大富翁，化药公司董事长原安三郎曾语重心长地对属下说 "年轻时代赚100万的经验，并不能成为将来赚10亿元的经验，但损失1000万的经验，倒可培养赚10亿元的经验。逆境是锻炼人才最好的机会。"因此，原安三郎劝年轻人不要急躁，应趁年轻的时候多尝尝不幸和挫折。

在格里米战役的一次战事中，一颗炮弹把战区中的一座美丽花园炸毁了，可就是在那被炮火炸开的泥缝中，却忽然出现一道泉水在喷射。从此以后，这儿就有了一眼永久不息的喷泉。不幸与忧苦，也能使心灵的潜在之泉喷射出来。有许多人不到穷困潦倒，就不会发现自己的力量。灾祸的折磨，反而可以使人们发现自己的潜能。

塞万提斯在狱中写了《唐·吉诃德》，那时他贫困不堪，甚至无钱买纸，完稿是用皮革当作纸张写成的。有人劝一位西班牙百万富翁去接济他，但那位百万富翁回答说："上帝不允许我去接济他的生活，因为唯有他的贫困，才使得世界丰富！"

监狱往往能激起人心中已经熄灭的火焰。《鲁滨逊漂流记》是在狱中写成的，《天路历程》也是在监狱中写成的。瓦尔德·罗利爵士在他13年的囚禁生活中写成了《世界历史》。路德幽被囚在瓦特堡的时候，把《圣经》译成了德文。

一个大无畏的人，愈为环境所迫，愈加奋勇，敢于面对任何困难，轻视任何厄运，嘲笑任何阻碍；因为忧患、困苦不足以损他毫发，反而会增强他的意志、力量与品格，使他成为了不起的人物！

命运本非天定，成败自在人为。每个人都有可能走入人生的低谷，如果只是一味地消极，一味地怨天尤人而不去与命运抗争，那么你就永远不会有生命的春天。抛弃软弱，努力让自己坚强起来，把自己打造成一个性格坚韧的人，你同样可以做自己命运的主人。

第五节　刚毅成就一生伟业

刚毅是一种力量美和沧桑美，刚毅是不屈不挠的精神和自信性格的体现。

刚毅型性格的内涵是勇猛而顽强，果断而自信，直而不肆，光而不耀。刚毅型性格与坚韧型性格都是不屈不挠、锲而不舍的，但前者注重刚，势不可挡，而后者则是柔韧，是水滴石穿。

鲁迅说过：真的勇士，敢于直面惨淡的人生，敢于正视淋漓的鲜血。只有敢于面对现实，不屈不挠的人，才能铸就刚性人生，练就强者风范。

左宗棠是清末著名的大臣，他曾主持洋务运动，出兵新疆，收复伊犁。他为人处世秉性刚毅。左宗棠曾在曾国藩手下做"幕僚"，但常常与曾意见不合。曾国藩曾出一上联讽喻左宗棠说："季子何言高，与我意见大相左。"因左宗棠字季高，故联语中嵌其字以示嘲笑。左宗棠也毫不示弱，立即回敬一联："藩臣堪误国，问他经济又何曾？"联中也嵌入了曾国藩的名字，并贬低了曾国藩的才能。当时，左宗棠官卑位小，敢如此言语，可见其性格刚毅不屈。

左宗棠这种天性刚毅不屈的性格，即使在面对洋人时，也表现得淋漓尽致。一次朝会，美国公使威妥玛高居上座，左宗棠一见便怒火中烧，毫不留情地指责道："这是王爷的座位，我都得坐在下面，你凭什么坐在那里？"这使傲气凌人的威妥玛羞怒交加，但面对一身刚毅的左宗棠也只能作罢。

刚毅型性格也体现在女性身上，英国的前首相撒切尔夫人就是一个例子。这位"铁娘子"是英国历史上唯一一位女性首相，她性格果断刚毅、毫不妥协，工作起来不知疲倦。她的坚强、刚毅和超强的自制力在她政坛的最后一刻得到了很好的体现。在竞选失利的情况下，她仍然不失"铁娘子"的风范，尽力维护自己的尊严，不让自己在众人面前流泪，用超强的自我控制力完成了最后的演讲。面对失败的局面，她和其他人一样觉得沮丧、痛苦，但是她在得失面前仍然能够保持自己政治家的形象，不能不说是她刚毅的性格在起着关键的作用。

霍英东这个名字众人皆知，在他名下有"立信建筑置业""信德""有荣"等60多家公司企业，经营范围涉及航运、房地产、石油、建筑、旅馆、百货等多方面。同时他还担任国际足联执委和世界羽毛球联合会名誉会长、全国政协常委、香港中华总商会副会长、香港房地产建设商会会长等多个职务。

霍英东并非出生于什么名门望族，他也只是个社会底层穷人的孩子，那么他是怎样创造今天这样辉煌的呢？

霍英东1922年生于香港，在香港长大。童年时，全家人常年漂在舢板之上。他7岁时，父亲因暴风雨死在海里，生活的重担从此压在他母亲肩上。迫于生活的贫穷和压力，他们曾和许多患有肺病的穷房客共住在一层旧楼的大通间。母亲靠将煤灰转运到岸上的货仓这一小本生意，收取微薄佣金养家糊口。为了供他上学，母亲和姐姐省吃俭用。据他回忆："当时我在学校勤奋读书，课余协助母亲记账、送发票，由于日夜奔忙和营养不良，一天下来已是筋疲力尽。"

抗日战争的爆发使霍家生活更为艰难。无奈，霍英东放弃学业去当苦力。18岁那年，他找到了第一件差事，在轮渡上当加煤工，但由于工作不力被老板解雇。他还去日本人扩建的机场工地当过苦力，每天的报酬是半磅米和七角钱，每天只吃一块米糕和一碗粥，常常饿得头晕眼花。

有一天，他的一个手指不慎被一个50加仑的煤油桶生生砸断，工头可怜他，给他分配了一个较轻的工作，让他修理货车。后来他还当过铆钉工、制糖工等。但是，童年时代的种种艰辛、生活的坎坷煎熬，培养了他自强不息的奋斗性格。

第二次世界大战结束后，当时的香港在运输方面有迫切需求。霍英东看准这个机会，在亲友的帮助下，抢购了一些廉价运输工具，转手更获利很多。朝鲜战争爆发时，他抓住这个时机，在友人的资助下，开办船运业

第五章　培养刚毅迎接挑战

务。由于善于经营和胆识过人，他的事业发展得很快，逐渐在香港航运界崭露头角。但他并不满足于运输业上的成就。朝鲜战争结束之后，他看到香港房地产业有巨大的发展潜力，便毅然向房地产业进军。1954 年他筹建了"立信建筑置业公司"，开始从事房地产。公司发展速度惊人，创办不几年，便打破了香港房地产的记录。同时他还开创了大楼分层预售的先例。

霍英东的事业虽然已经在多个行业获得成功，但他并未裹足不前，而是继续向新领域进军。20 世纪 60 年代初，淘沙这个行当是香港许多有识之士都不敢涉足的事，原因是这行当用工多、获利少、赚钱难。而霍英东却在 1961 年年底，去英国考查途经曼谷时以 120 万港币从泰国政府港口部购买了一艘大挖泥船，这艘船长约 88 米、载重 10890 吨。后来他将其改名编列为"有荣四号"，他的淘沙事业从此有了长足的发展。他还派人去世界有名的造船厂购买了一批专用机械淘沙船。经营上他颇有特点：不图一时之暴利，而是与香港当局签订长年合同，稳妥获利。房地产业上他亦是如此。建筑业主要原料之一的海沙也是有荣公司专门运输供应的。不久，他独得了香港海沙供应的专利权，成为香港淘沙业的头号大亨。仅仅 2 年多的时间，"有荣"业务便兴隆昌盛起来，拥有大小船只八九十艘，挖泥淘沙专用船也有 12 艘以上。

香港回归后，他响应中央和政府的号召，在大陆投资，广州白天鹅宾馆以及中山温泉宾馆等就是他在国内的部分投资项目，他对祖国建设事业的支持和帮助也赢得了很高的评价。无疑，果断、敢冒风险和坚毅的性格特点，是他事业成功的重要因素。

性格刚毅的人有着坚强的意志力，它能帮助他们克服一切困难，不论所经历的时间有多长，付出的代价有多大，无坚不摧的性格终能帮助他们达到成功的目的。

第六节　坚强可以明确人生目标

近代微生物学奠基人巴斯德如此昭示世人："告诉你使我达到目标的奥秘吧，我唯一的力量就是我的坚持精神。"

人有了理想，有了追求的目标，生命才会有价值。

上帝问三个凡人："你们来到人间是为了什么呢？"

第一个回答："我来这个世界是为了享受生活。"

第二个回答："我来这个世界是为了承受痛苦。"

第三个回答："我既要承担生活给我的磨难，又要享受生活赐予我的幸福。"

上帝给前两个打了 50 分，给第三个打了 100 分。

因为前两个只答对了问题的一半，而第三个才答对了人生的价值观。

人既要承受痛苦，也要享受生活，这才是生命的完美和有价值的人生。

人生在世，谁都应具有明确的奋斗目标。使自己的行为趋向于这一目标。一个人有了明确的目标，也就有了前进的动力，并不断地克服困难。因为目标不仅是奋斗的方向，更是一种对自己的鞭策，所以，目标是人们前进道路上的标杆。这就是性格的自觉性意志特征的真正内涵。一个自觉性较强的人，往往从长远目的出发来考虑个别行为目的，使之服从于长远目的，并放弃多余的、尤其是不利于长远目的的动机和行为。

美国有位年轻的警察叫亚瑟尔，有一次在执行任务中，他被歹徒用枪射中左眼和右腿膝盖，半年后，当他从医院出来时，完全变了个样：一个曾经高大魁梧、双目炯炯有神的英俊小伙子现在却成了一个又跛又瞎的残疾人。

当地政府和一些其他组织授予了他许许多多勋章和锦旗。

一位记者曾问他："你以后将如何面对你现在遭到的厄运呢？"

亚瑟尔说："我知道歹徒到现在还没有被抓获，我要亲手抓住他，这是我给自己制定的目标。"

在这以后，亚瑟尔不顾他人的劝阻，参与了抓捕那个歹徒的行动。他几乎跑遍了整个美国，甚至有一次为了一个微不足道的线索独自一人乘飞机去了瑞士。

9 年后，那个歹徒终于在亚洲某个小国被抓获了。当然，在这案子里面亚瑟尔起到了非常关键的作用。在庆功会上，他再次成了英雄。

很多媒体称赞他是全美最坚强、最勇敢的人。

亚瑟尔的成功经验告诉我们，失去一只眼睛，或者一条健全的腿，并不要紧，但是我们不能失去人生奋斗的目标，因为失去了目标，就失去了一切。

当然，一个人要想成功，就必须确立适度的目标体系。有人曾做过一

个十分有趣的实验：让学生投掷竹圈，去套前面地上的圆柱。学生们第一个问题就是："该站在哪儿投掷呢？"实验者回答道："没有规定，由你自己选择。"学生们听后觉得奇怪，他们起初站在距圆柱很近的位置去投掷，成功率很高。可投了几次之后，便觉得那样做没有意思，于是就自行退到较远的位置，结果命中率自然大大降低。就这样一会儿靠前，一会儿靠后，学生们最终确定了最适当的位置，那就是投掷命中率约在 50% 左右的地方。

我们从这个实验中可获得一些启示：人们固然盼望成功，但太容易得手的事情没有挑战性，即使成功，也不能给予人们以成就感。太困难的事完全没有成功的可能性，人们也不愿因此浪费精力。只有成功与失败各占一半的事情，方能引起人们的最大兴趣。同样的道理，人们在确立行动目标时，不仅要考虑目标的高低，而且还要看目标对自己而言能否实现。只有这样，才能使目标产生巨大的激发力量，推动着人们自觉地从事活动，从而塑造出坚强的性格意志特征。

所谓坚强就是能够与环境抗争的性格。越是险恶的环境，越能使坚强的性格有所表现。

只有强者，才能在磨难和挫折中继续生存，才有勇气去迎接困难的挑战，才有毅力去战胜逆境和获取新的成功。

第七节　勇敢者的舞台

一个人要想成功就要具备过人的勇气和胆量，面对任何艰难险阻都勇往直前，永不言败。

自信心是人生至珍至贵的东西，只有自信的人，人家才会把责任放心地托付到他的身上。但是，那些遇事害怕、缺乏胆量的人往往没有自信力、判断力；他们对于任何事情永远拿不定主意，处理任何事情也总是听凭人言；不敢自作主张，不敢断然决定。

那些意志坚定、敢作敢当的人永远具有十足的自信心。遇到任何难以应付的局面，他都能沉着应对，而不至于惊慌失措。由于他们信得过自己，所以，别人也信得过他们；别人都知道他们勇往直前的性格，知道他们无须求救于人。

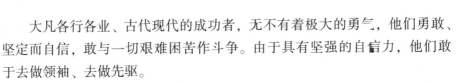

大凡各行各业、古代现代的成功者，无不有着极大的勇气，他们勇敢、坚定而自信，敢与一切艰难困苦作斗争。由于具有坚强的自信力，他们敢于去做领袖、去做先驱。

在如今生存竞争激烈的年代，那些做事三心二意、缺乏勇气、毫无决断力的人到处都会受到排挤。

大凡向往成功的人不但要做到意志坚定，还要迅速把握机会，鼓起勇气，立即行动。那些不相信自己、不敢把握机会的人，永无出头之日。

如果一个人生性胆怯、缺乏自信力、遇事总犹豫不决、固步自封、没有判断力、毫无冒险精神，那么他的一生一定会在死气沉沉、毫无成功希望可言的日子里度过。

爱默生这样说："上帝赋予任何人以能力，使他们可以成就大业，决无偏差。"

但是，在这样一个人才竞争激烈的时代，有无数才能卓越的人在一般的公司里做着普通平凡的工作，逐渐丧失了他们做大事、成大业的能力。其实，每个人都会有锦绣前程，如果尽到了对自己的人生职责，那就绝不会使自己的非凡个性埋没在"得过且过"的日子里。他必须能够自谋发展之路，必须从教育、职业、环境等等不利条件中奋力挣扎出来，超越出来，用自己非凡的天赋特性去开发光明的前途！

有些人常常一遇困难就向后退缩，他们只是跟在别人后面，亦步亦趋，人云亦云。但实际上，大自然赋予每个人的才能是不相上下的，别人能成就大事，你其实也能；人家能建立大功，你其实也可以。

如果大自然赋予你一种非凡的潜能，而你自己却不知开发利用，硬要一味模仿别人，钻到别人的套子里，这样，不仅对你毫无益处可言，可能反而有极大的不利与危险。

一个真正能成大事的人，做任何事业都充满希望和信心，都决心非闯出一个名堂来不可。他那坚定的目光紧盯着"成功"两个字，决不会跟着人家后面亦步亦趋。只要他决定了的，就决不再瞻前顾后、犹豫不决。一切计划和一切方案，都由他自己来决定；一切艰难和一切困苦，都由他自己来承担；一切阻遏和一切障碍，都由他自己来排除。他从不抱怨命运，从不向人诉苦，从不推卸任何的责任和义务，永远敢于承担一切的后果，这样的人能不成功吗？

好性格是这样培养出来的

大自然赋予任何人以能力，如果你永远在犹豫迟疑、瞻前顾后中生活下去，就永远无法达到人生的目的——成功！

要做自己的主人！要做一个造时势的英雄！我们绝对不要在任何的环境束缚下生活，要鼓起勇气，下定决心，与阻碍我们成功快乐的所有穷困、颓废和怯懦决一死战！

很多人心存这样的想法：人是掌握不了自己的命运的。所以，他们就不再振作自己的精神，而只等好运的降临。这真是一个可怕的念头，对人的一切天赋、智能、品格危害最大的莫过于此。

如果一个人做事有计划条理、肯负责任、满腔热血、做起事来不惜代价必至成功，那么这样的人在世上处处都有他发展的空间，任何人、任何东西都可能成为他成功道路上的助推器。要鼓起勇气、拿出力量、采取行动。你总是要说："我要完成它。"以这种态度去做事，没有不成功的道理。

要提升自己的人格，发展自己的个性，最重要的是立即采取行动，去做你所想做的事情，同时要决心改正自己的错误。也许你没有勇气、没有忍耐力、缺乏魄力、缺乏决断力，那么，你就要竭力磨炼修养相应的品质。你应该确信，大自然赋予你一种神奇的力量，使你完全能够改正这些错误，而且要确信，改正这些错误也是你生命中必负的使命。如果你能坚强地这样去做，那么在无形中你的错误也必定烟消云散。你会发现经过革新，自己会变得浑身有力，几乎战无不胜、无往而不利。

美国的伟大人物格兰特先生就有这样的良好习惯，做任何事情，他从不自暴自弃，他总是相信必能成功。所以，每当大难临头，他还能当机立断，在他身上看不到犹豫不决、优柔寡断的表现。

如果你能学到美国历代伟人如林肯、华盛顿、格兰特等人身上的果断勇敢，那么你的前途一定无可限量。一个勇往直前的、有着领袖特质的人必定随处都受欢迎。在这种人的字典里，绝对找不到一个"怕"字，对任何事情他只知道埋头去做，无所畏惧，永不退缩。

到了危急关头便退缩不前、精神颓废的人，最终必然陷于失败的境地。相反，如果你的意志毫不动摇，信念坚定，结果必定成功。若意志偶一动摇，无异于给敌人提供了一个击败你的机会。

一个懦弱无能的人一定胆小怕事，处处充满了恐惧。恐惧是心灵的敌人。恐惧足以摧残人的创造、冒险与大无畏的精神，它足以消灭人的个性，而使人的精神机能趋于软弱。

不安、忧虑、嫉妒、愤怒、胆怯，都是因恐惧而滋生出来的。它剥夺人的幸福与能力，使人变成懦夫，使人失败，使人流于卑贱。它比什么毒素都更可怕。

恐惧有摧残一个人生命的恶劣影响。它能败坏人的胃口，减少人的生理与精神活力，因而破坏我们全身的健康。它能打破人的希望，抹杀人的勇气，使人的心力柔弱，因而使我们不能创造或进行任何事业。

许多人常常对于一切事件怀有一种恐惧之心。他们怕风，怕受寒，他们吃东西时怕有毒，经营生意时怕亏本，他们怕人闲言，怕舆论，他们怕困苦的生活，怕贫穷，怕失败，怕收获不佳，怕雷电，怕暴风。他们的生命，充满了恐惧！

许多人都有杞人忧天的恐惧。他们常常预感到不幸会降临。他会破财，会失去现有的地位，会遭遇不测，会面临灾难。一旦他们的子女离家出门时，他们的心目中也会担心会有种种灾祸降临——火车出轨、轮船沉没——他们总是想到最坏的那方面。

恐惧足以缩短人的寿命，因为它损害人的全部生理机能。它能改变人体各部分的化学组织。恐惧能使人早衰，也能使人早死。世界上不知有多少人，是被恐惧这一恶魔冤枉地送入坟墓的！它破坏了人类心理的平衡，因此驱使人类陷于种种罪恶与不幸中，从而造成了无数人世间的悲剧。

快快摒弃你这种恐惧的心理吧，就像抛弃其他各种使你受害的恶习一样。我们可以用一种"消毒剂"——自信、坚强、勇敢、乐观的思想——来消除各种恐惧的心理。不要让恐惧的心理深入你的心中。不要尽往恐惧的方面想。一旦有了恐惧的心理，就应当立刻"消毒"，这样恐惧就会立刻逃走。无论一种恐惧的心理怎样深入你的心，只要使出与它相反的"消毒剂"，我们总可以将它铲除与消灭掉。

当不祥的预感、忧虑的思想在你心中发作时，你不应该纵容它们，使它逐渐长大。你应当转换你的思想，想到种种与它们相反的方面去。假使你恐惧"正在进行中的事业"会失败，那你就不该想到是自己怎样的弱小无能，怎样的不堪重任，怎样的以失败告终；你应当想着你自己怎样坚强，怎样有本领，怎样在过去也曾做过与此同类的事，怎样利用过去的经验来应对现在的问题，怎样预备取得辉煌的胜利。怀抱着这种态度，无论是自觉的或不觉的人，就都可以步步向前、超凡出众了。

第八节　努力让自己成为一位刚毅的人

有的人天生刚强，但也有人天生过于柔弱。如果你的柔弱成为你要更加优秀的障碍，就应试图改变它，而努力让自己成为一个性格刚毅的人。

一、最重要的是磨砺意志

没有坚强的意志就不可能做到独立自主，就不可能持之以恒，也不可能把自己从懦弱的性格中拯救出来。磨砺意志就要做到坚守目标、坚定不移、不屈不挠和坚韧顽强。在不断的磨砺中成长，征服人生才更有意义，价值才更有分量；同时它会激发人心灵的潜能。对于生性怯懦的人，这是一个最好的鞭策，让人自觉地背负起人生的一份责任。

二、远离柔弱

柔弱的人暴露的是自身的缺憾。有的只是举棋不定，或逃避，或退让。厄运可以吞噬柔弱者的自信和追求，抹杀他们对人生的正确认识。对付柔弱的往往是强悍，只有用勇敢、坚强的心代替柔弱的心，才能使性格中更多一些刚毅的成分。任何柔弱的表现都可能被逆境困扰，唯有刚毅的性格才能在厄运的面前无所畏惧，坦然面对。

三、不向困难低头

刚毅的人把困难当作奋斗的养料。人生不是苦旅，但人生无坦途。我们需要注入的是钢铁一样的意志，在困难面前永远不要低头。做一个严谨、清醒、客观者，而不仅仅是参与者、守望者。你需要咀嚼困难，来为生命注入一份新的活力。所有的困难都是纸老虎，所以，困难来了不要怕，一定要挺得住！

四、不为环境改变生活的规律

总喜欢看绿阴草坪旁那些精神矍铄的老人。每天早 5 点开始的长跑成了公园中最有气息的流动风景。这是一群没有风雨寒暑概念的老人。人们都说公园中永恒的风景不是甬路旁悍然不动的基石，而是每天晨练的那些老人们。老人们坚持不懈的韧性正体现着历经人生风雨后的刚毅。

不为环境而改变自己，使他们更具有一种把握人生的凝重和沉厚之美。像他们一样坚持自己的生活规律，你的刚毅性格才更有持久性。

五、总给自己设计"下一站"

当有记者问球王："这么多年的体育生涯，你最得意的球是哪一个？"他说："永远都是下一个！"上一个已然过去，即便是辉煌也已交付昨日。人生的追求不能浅尝辄止，挑战没有老面孔，挑战无处不在！人不能躺在过去的成就上遥想未来。总给自己设计"下一站"，让自己处在积极的备战状态，才能使灵魂得以锤炼，才能怡然傲视万物。人生没有驿站，无望的喘息和骄矜的自诩总会衍生形式上的虚荣。给自己设计"下一站"，让性情备受冲击，就如萎靡的枝芽被注入琼浆后的挺拔。这就是刚毅！

六、打掉牙和血一起咽下

被鲜花和凯旋围绕的时代是不是已远去，生活的艰辛与苦难是不是又卷土重来，令人猝不及防？人生不如意者十之八九。懦弱的人总是虚张声势，他们脆弱的灵魂，徘徊在生命的绝望里，漂浮在犹疑的烦躁中。

人性呼唤隐忍！打掉牙和血一起咽下！它不代表丝毫的懦弱，而是坚强和刚毅的淋漓写照。咀嚼林林总总的痛苦和不幸，慰藉被焦虑、绝望、彷徨和愤恨充斥的灵魂，再以灿烂的微笑将自己融入尘世滚滚的洪流中，你的性格才能有一种历练后的超脱。

七、沉默但不流泪

苦难不同情眼泪。泪水滑落的是人的愁怨，或许还有凄婉、失意、无助。刚毅的人宁愿在心中滴血，也要忍住无望的泪水。流泪的人默等的是一份没有归期的守候，刚毅的人会让一切不如意为之汗颜，为之俯首。

对生活的释然使刚毅的人有了洞察的双眼。泪水会熄灭斗志的火焰，浸软气节的钙质。唯有沉默是流泪的最高境界。它默默地收留人的内心所有的软弱，让你打点行囊，轻松出发，让长长的背影写尽人生的凛然与深沉！

第六章 独立进取是生存之本

美国发明大王爱迪生曾说："我始终不愿抛弃我的奋斗的生活，我极重视由奋斗得来的经验，尤其是战胜困难后所得的愉快。"一个在一生之中都懂得积极奋进的人，永远存有一种危机意识，时时刻刻以自己为对手，这样才能不断完善自己，才能使自己强大起来，才能使自己的能力达到真正的提升与飞越。所以，每一个在人生的征途上追寻着成功的人，都应该培养自己积极进取、力争上游的好性格，从而使自己的人生逐步走向辉煌。

第一节 独立的好处

自己的事情自己做是这种类型的人的最大特点，除非万不得已，他们一般不会去请求任何人的帮助，甚至包括他们的父母在内。他们以独立自主、自给自足以及通过自己的努力奋斗去实现自己的目标。不受制于人是他们的另一个比较显著的特点，这也是由他们喜爱自由的个性所决定的。这种类型的人做事都比较果断，从不拖泥带水，只是内心比较孤傲，不太喜欢交际。

世界上只有摆脱了依赖，抛弃了拐杖，具有自信，能够自主的人，才能获得成功。自立自助是进入成功大门的钥匙，是获得胜利的象征。

在风平浪静时，显不出驾驶航船的船长是否训练有素、是否富有经验。

能够看出船长的真实本领是在狂风暴雨、波涛汹涌、船将颠覆、人人惊恐的时刻。同样，在失败后的挣扎、奋斗时，才能最显露一个人的机智。

只有在困境中，一个人才能立定意志努力奋斗，最终获得极大的成就。

当人自立自助时，就开始走上了成功的坦途。扔弃依赖之日，就是发展自己潜在力量之时。

外界的扶助，有时也许是一种幸福，但更多的时候情况恰恰相反。供给你金钱，其实并不是对你最好的帮助；而唯有鼓励你自立自助的人，才是你真正的好友。

一个身体健全的人如果依赖他人，就会感到自己不是一个完整的人。一个人有了职业、自立自助的时候，他才会感到自由自在、无比幸福。

许多人之所以在社会上无所作为，是因为他们贪图省事，或是缺乏自信，不敢照着自己的意志去做。东去询问，西去探访，事事要经得他人的同意认可，才敢决定，这样缺乏自立自助精神，哪能有所作为呢？

一个人不敢表现自身的能力，表达自己的意见，实为人生的奇耻大辱。照着自己的意念，增强自己的信心，努力去做，自然能获得美满的结果。

第二节　青少年独立人格的培养

进入中学时代，青少年已具备自理能力，不必事事都依靠父母。他们长得和父母差不多一样高，甚至超过了他们，这时，他们渴望独立，开始厌烦大人的管束，力图摆脱对成人的依赖。从一定意义上讲，这种反抗是少年心理成长的重要关隘，只有闯过了这关，才能顺利走向成熟。要想摆脱依赖心理，走向人格的独立，该如何去做呢？

1. 学会独立思考问题

独立的人格要求独立的思维能力，能够主宰自我的人绝不会依赖他人的思考，迷信他人的思维。

2. 正确评价自己

要主宰自己的命运，就必须学会正确地评价自己，用公正的眼光审视自己，摸清自己的特点及优缺点。应理解自己所拥有的一些特征是主观不能改变的，如自己的形体，容貌，但有些是可以改变的。要在环境中磨炼中提高自己的优点，克服自己的缺点，扬起自信的风舵，形成独立的人格。

3. 有意识地扩大交往范围

在成长中，如果缺乏正常的人际交往，将会影响今后正常的人际关系的建立，因此，与同伴交往可以摆脱对成年人的依赖，有助于社会性的人格发展。

4. 丰富自己的生活内容，培养独立的生活能力

依赖性强的人往往不好动，喜欢在家里待着，因此青少年一定要有计划，有目的地拓展生活的视野，多去运动的场所尽情地玩，逐步形成活泼外向的性格。

第三节　青少年的独立性与依赖性

由于自我意识的发展，青少年开始有强烈的独立自主的要求，独立性、自尊心、好胜心明显增强。他们开始发现家长和教师的不足之处或者错误，对成人的意见不再是言听计从，对家长教师过多的照顾和过细的要求常常非常反感。

他们在依赖于教师和家长的指导和帮助的同时，更多地与同龄伙伴共同活动，同龄伙伴的影响作用增大。家长往往会产生孩子变得和自己不亲了、不好了的疑虑。心理学家常常把青少年的这种要求独立，在心理上对成人的决裂称作"心理性断乳"。这种急剧的心理性"断乳"，使青少年容易产生情绪上的激动和混乱。经过这次危机，他们就可以逐步脱离父母的监护，成为一个独立的人。尽管青少年要求独立的意识强烈，但是，他们在认识上、情感上、行为上还是很幼稚的，独立的条件和独立的能力较差。无论在经济上、思想上，还是在解决问题的过程中，都不能完全独立。他们在遇到困难或挫折时，有些问题可以找同伴和同学商量，有些问题则还需要找成人征求意见。他们的学习在很大程度上还要依赖成人的督促和检查，否则，会因贪玩或醉心于课外阅读及校外其他活动而耽误学习，甚至误入歧途。青少年独立性与依赖性的矛盾，体现了青少年社会地位从依附到自主的转化，是人生重要的转折点。家长和教师与孩子关系僵化，常常就在这段时间发生。

因此，在青春期到来之际，家长和教师要及时调整与青少年的关系，尊重他们，有事多与他们商量。同时，有意识地为他们创造时机，培养锻炼他们的独立自主的能力，促进他们的社会化。

第四节　独立进取的巨大意义

对于任何一个人来说，如果你能够了解进取心的本质，那么你也就能够了解它对于一个人人生的激励作用，它是一个人生命中一种最神秘的力量，它存在于每个人的性格之中，就像每个人自我保护的本能一样。

具有进取型性格的人，常怀进取之心。因此通常可以激发出身体内的潜能以及向命运抗争和挑战的力量。这种力量是完成人生崇高使命和创造伟大成就的动力源泉，这种永不停息的自我推动力可以激励人们向自己的目标前进，并推动人们去完善自我，追求完美的人生。

美国学者詹姆斯根据其研究成果指出："普通人只开发了自己身上所蕴藏能力的1/10，与应当取得的成就相比较起来，每个人不过是半醒着的。"事实上，每个人的自身都是一座宝藏，都蕴藏着大自然赐予的巨大潜能和无限潜力。只是由于没有进行各种潜能训练，使得我们没有机会将内在的潜能淋漓尽致地发挥出来。在我们身上没有得到开发的潜能，就犹如一位熟睡的巨人，一旦受到激发，便能发挥"点石成金"的力量。

爱迪生小时候曾被学校的老师认为愚笨而失去了在正规学校受教育的机会。可是，他的母亲并没有因此而放弃对他的教育。在母亲的帮助下，经过独特的心脑潜能开发，爱迪生最终成为了世界上最著名的发明大王，一生完成2000多种发明创造。他在留声机、电灯、电话、有声电影等许多项目上进行了开创性的发明，从根本上提高了人类生活的质量。

世界顶尖潜能大师安东尼·罗宾说："并非大多数人命里注定不能成为爱因斯坦式的人物，任何一个平凡的人，只要发挥出足够的潜能，都可以成就一番惊天动地的伟业。"

爱因斯坦是一位举世公认的20世纪科学巨匠。在他死后，科学家们对他的大脑进行了科学研究。结果表明，爱因斯坦的大脑无论是从体积、重量、构造或细胞组织上，都与同龄的其他任何人无异，并没有任何特殊性。这充分说明，爱因斯坦成功的"秘诀"，并不在于他的大脑内部比其他人有多么与众不同，用他自己的一句话总结就是——"在于超越平常人的勤奋和努力以及为科学事业忘我牺牲的进取精神"。

一个人潜能的开发程度取决于他的性格：具有积极进取性格的人，受到推动力的引导和驱使，其潜能能够获得深度的开发，很可能成就一生的梦想；而有着消极懈怠性格的人，无视这种力量的存在，或者仅仅是有时才服从这种力量的引导，因此凡事得过且过，人生也将停滞不前，注定一事无成。

　　通常情况下，在我们的生活中，大多数的人就像没有被磁化的指南针一样，习惯于在原地不动而没有方向，习惯于依赖既有的经验，认为别人做不到的事情自己也不可能做到，于是便变得安于现状，习惯了按部就班的生活，习惯于从事那些让自己感到安全的事情，习惯于表现自己所熟悉、所擅长的本领，不愿意去改变自己的生活及探索未知的领域。因此，根本无法形成积极进取的好性格，自身的潜在能力也就始终得不到挖掘，所有的潜能也都在机械的操作中埋没，并随着年龄的增长、机体的变化而渐渐消失了。而只有那些对成功怀有强烈愿望的人，才能够塑造出积极进取的性格，从而才能够突破自我极限，激发内在蕴藏的能力，最终也才会比他人更容易获得成功。

　　班·费德雯是保险销售史上的一位传奇人物。

　　1912 年，他出生于美国；

　　1942 年，他加入纽约人寿保险公司；

　　1955 年，还没有人敢去想，一名寿险业务员的年度业绩可以超过 1000 万美元；

　　1956 年，他打破了寿险史上的记录，年度业绩超过 1000 万美元；

　　1959 年，2000 万美元的年度业绩还被认为是遥不可及的梦；

　　1960 年，他把梦想变成了现实；

　　1966 年，他的寿险销售额冲破了 5000 万美元的大关；

　　1969 年，他缔造了 1 亿美元的年度业绩，此后这种情况更是屡见不鲜；

　　1984 年，他成为"百万圆桌"协会会员，此为保险业的最高荣誉。

　　在这个专业化导向的行业里，连续数年达到 10 万美元的业绩，便能成为众人追求的、卓越超群的百万圆桌协会会员，而费德雯却做到近 50 年平均每年销售额达到近 300 万美元的业绩；另外，他的单件保单销售曾做到 2500 万美元，一个年度的业绩超过 1 亿美元。他一生中售出数十亿美元的保单，比全美 80% 的保险公司销售总额还高。

放眼寿险史上，没有任何一位业务员能赶上他。而他的一切，仅是在他家方圆40里内，一个人口只有1.7万人的东利物浦小镇中创造出来的。

谈到这些常人难以取得的成功，费德雯认为："我的成功就在于对成功怀有强烈的愿望。对自己的生活方式与工作方式完全满意的人，已陷入常规。假如他们没有鞭策力，没有强烈企图成功的心，或使自己变成更好的人的愿望，那么他们只能在原地踏步，而原地踏步就等于退步。"

成功绝非偶然，成功者也绝非天生就是天才，班·费德雯凭借自身的努力，充分发挥自身的进取力量，因此创造了常人难以想像的奇迹。可见，每个想要获得成功的人，都要塑造自己进取的性格。无论你正陷于人生的低谷时期，还是沉浸在他人怀疑、否定的苦涩话语之中，你都不要怀疑自己的能力。你应当相信，具有了积极进取的性格，加上自己的勤奋努力，你就一定能激发生命的潜能，创造出人生的奇迹。

第五节　迎难而上

很多成就梦想的人，尽管出身卑微，或身患残疾，或饱受折磨，但是他们仅仅凭借进取心，勇敢地挑起了生活重担。他们充分地开发和利用了生命中被赋予的巨大潜能，从而成就了一生的梦想。

原TCL集团副总裁吴士宏就有着鲜明的进取型性格，她的成功史，是一部坚强女人不畏困难的奋斗史：她没有被疾病吓倒，没有被学习中的困难所累倒，她用超过常人的进取精神催促自己前进，用自信和坚毅与自己赛跑，从中领悟超越自我的含义；她就像高尔基笔下的那只在暴风雨中逆风翱翔的海燕一样，无畏风雨，于苦难中始终奋发向上。

年幼的吴士宏脑子聪明，胆子大，爱运动。不幸的是，一场大病从天而降，打乱了她原本计划好的一切。整整4年，三次报病危，她始终躺在病床上受着病痛与孤寂的折磨。这场使她身心备受折磨的"病"，让她恍如隔世。4年后，她终于从病中得到了解放。大病初愈的她并未因自己的不幸而对生活产生怨言，而是觉得自己的生命刚刚重新开始。于是，从那时开始，吴士宏便萌发了一个想法：要做一个成大事的人。

考大学算是个机会，但不属于她。因为她没有钱、没时间。生病的4年没有任何收入却花费不少，就算考上大学，没有工资还得自负生活费，太不现实了。于是，她决定选择一条"捷径"——参加高等教育自学考试来彻底改变自己的生活。对吴士宏来说，自学不是最高效的方式，是因为别无选择。她有一个目标：把病中耗费的4年时间补回来。她选了科目最少的英文专业。书可以借一部分，要买的只有许国璋编写的4本书；要省钱，还可以听收音机。从此，她开始拼命，用自己的进取心和不顾一切的努力去拼搏。吴士宏的英文都是从头学的，花一年半拿下了大专文凭，吴士宏体会最深的两个字是"真苦"！她每天挤出10个小时的时间用在学习上，自考文凭考下来了，她最得意的是"赚"回了点时间。

学业完成后的吴士宏获得了一个意外的机缘进入了IBM公司。一开始她做的是"行政专员"，与打杂无异，什么都干。身处一群无比优越的真正白领阶层中，吴士宏感到了巨大的压力，常常觉得自己没有能力，没有价值。

但吴士宏是一个善于"成长"的人。她始终不断地学习、实践、超越，再学习、再实践、再超越。刚进IBM时，吴士宏几乎什么都不会，连打字都是从头学起，她拼命努力学习一切相关的东西。她开始做销售的时候，感觉到专业知识是第一大障碍，"培训毕业只是个模子，要把客户的具体要求套进去再做出方案来，没那么容易！"在这过程中，她给自己定下了要"领先半步"的目标，时常还有这样的想法，"不把自己累到极点，就觉得不够努力，对不住自己"，吴士宏对自己始终要求严格。因此，吴士宏在办公室里晕倒过，吐过血，犯过心绞痛；还专门在抽屉里备着闹钟，一个星期总有几次熬到凌晨两三点。就这样，在付出了辛苦和心血之后，她终于发展了第一个大客户——中远。中远的运输公司业务是IBM主机，外轮代理全部是IBM小型机系列。1994年，吴士宏去了IBM华南公司，她在那里成功地带起了一支队伍，与大家一起成长，一起做出了辉煌的业绩。

历史上，所有的成功者之所以能够激发潜能成就梦想，都是因为他们怀有勇敢面对、大胆挑战生命中那些阻碍他们发挥潜能的缺陷和困难的进取心。当一个人怀有强烈的进取心，那么在他的人生中，无论遭遇多么恶劣的情况，还是碰到难以克服的障碍，他都会克服一切阻挠，找到出路，并实现人生的价值。英国著名作家弥尔顿的故事就是一个明证。

弥尔顿是17世纪英国出现的一位伟大的精神斗士。当查理二世企图复辟的时候，弥尔顿患有严重的眼疾，一只眼睛的视力正在消失，医生警告他不可参战，否则将双目失明。但弥尔顿为争取自由深感责无旁贷。他认为此时的英国人需要精神上的支柱，因此他宁可牺牲双眼也要做一个自由思想的卫士。于是，弥尔顿精神亢奋，奋笔疾书写下《为英国人民声辩》一文，痛斥为查理二世鼓噪鸣锣的英顿大学拉丁文教授沙尔马修。不久，这位在瑞典女王里斯第娜宫廷中受宠的大教授因遭弥尔顿的驳斥，大丢脸面，便悄然离去。而弥尔顿的代价则是从此失去了光明。但弥尔顿并没有停止写作和斗争。1660 年 5 月，王朝复辟，查理二世重登王位，"弑君者"克伦威尔的坟墓被掘，尸体吊上了绞架。而精神上的弑君者弥尔顿也同时遭到逮捕。经多方营救，当局才在绞架下当众烧毁了他的两本书，以示惩罚。弥尔顿尽管获释，但此时已痛风病缠身，性情乖戾。但他却再一次不甘失败，以晚年的精力创作了 3 部不朽的诗作：《失乐园》《复乐园》《力士参孙》。

失去光明的卫士，一个凭借进取的性格，坚强地立足于苍茫大地的诗人弥尔顿，在描述自己的境遇时，是这样自勉的："在茫茫的岁月里，我这无用的双眼，再也瞧不见太阳、月亮和星星，男人和女人，但我并不埋怨，我还能勇往直前。"在这样的进取和奋发下，弥尔顿留给了后人不可磨灭的光辉形象。

总之，抗拒苦难，不断进取，奋发向上，是成功者必备的性格特征。在我们的生活中，无论身处恶劣的环境，还是遭遇人生的坎坷，都要像所有成功者一样，直面苦难和不幸，无怨无悔地选择坚强和进取，从而最终如他们一样实现自己的人生价值。

第六节　突破自我

一个人最大的敌人不是别人，而是自己。一个人只有能够面对生命中的每一次挑战，才能不断的成长起来。因此，挑战自我、不断进取的良好性格，是每个人应当在生活中与工作中大力培养的。

在我们身边的许多人，原本可以有所成就或可以更为成功，但在生活中却往往不能如愿以偿。这就是因为他们缺乏对自身的认识，缺少向上的动力和进取心，因而总是划地自限，总是认为生活中的一切似乎都是命中注定的，现实的一切都不可超越，最终使无限的潜能只化为有限的成就。

实际上，一个人能力的提升，往往是自己和自己经常的较量中得以实现的。每个人完全可以通过自身的不断进取努力来提高自己的能力，突破自我的极限，凭借自己的力量来改变生活。

有一家公司，准备用一年的时间来考察两名推销员，然后从中提拔一人担任销售部的经理。其中一人一年到头挨家挨户推销产品，最后挣了2万元；另一个人花了一年时间设计并发动了一次技术改造，这一举动，使公司获利2000万元。两个人所花时间相等，可是第一个人总是担心银行的贷款，另一个人很快得到提升，同时拿到一笔数目相同的奖金。究其原因，是两个人的努力方向不同。

第一个人是盲目地使用时间。他很勤奋，完成了自己的工作任务，让他的上司很满意，他满足于工作让自己的生活衣食无忧。但他并没有长远的规划，不具备担任管理人员的素质。

而第二个人则是利用时间。一年的工作中他不仅动手，而且动脑。他把工作当成任务也当成获得成功的机遇。他意识到自己有成功的希望并潜心去发展它。他观察到在仅仅能干与干得十分成功之间有很大区别，并决定通过自己的创新进取来弥补这种差异。他正确评估自己的能力，集中精力去发展他所做好的一切。当他遇到困难时，他从不诅咒，而是尽力解决；他寻找市场和顾客的真正需求，力求给予满足；他注意到任何办公室里所做的事情都多以语言交流为基础——书面语言和口头语言，于是他就开始学习掌握语言技巧；他发现事业上最有价值的能力莫过于在多数场合做出正确决定的能力，所以他就潜心研究决策法；他明白不管做任何事情，办法都不只有一个，他会永远铭记这一点。他尽力让别人需要自己，结果他成了公司必不可少的人，最终获得了提拔。

在我们的生活中，同第一名推销员一样，有着安于现状、不思进取的"惰性"的人绝不在少数，尽管他们雄心勃勃，但对如何发挥自身的能力却只有一个模糊概念。这与其是说没有进取的决心，倒不如说是缺乏实现梦想的想像力。对于采取哪些措施会成就自己的梦想，他们感到迷惑，结果是：他们常常对自己或对他人或对"制度"满腹牢骚，对自己的潜能划地自限，又因为不知如何消除这一影响而心灰意冷。然而，只要你敢于突破自我，常常会有意想不到的喜悦收获。

有一个音乐系的学生，向一个极有名的钢琴大师学习钢琴。授课的第一天，钢琴大师给了他一份乐谱，说："试试看吧！"

乐谱的难度非常高，学生弹得生涩僵滞，错误百出。

"还不成熟，回去好好练习！"钢琴大师在下课时，如此叮嘱学生。

学生刻苦练习了一个星期，第二周上课时正准备让钢琴大师验收，没想到钢琴大师又给他一份难度更高的乐谱，还是说："试试看吧！"却只字未提上周的练习。

于是，学生再次挣扎于更高难度的技巧挑战。然而，第三周，更难的乐谱又出现了。这样的情形一直持续着：学生每一周都在课堂上被一份新的乐谱所困扰，然后把它带回去练习；接着再回到课堂上，重新面临两倍难度的乐谱。即使这样，学生却仍然追不上进度，一点也没有因为上周练习而有驾轻就熟的感觉，学生感到越来越不安、沮丧和气馁。终于，学生再也忍不住了，当大师走进教室的时候，他提出了这三个月来不断折磨自己的质疑。

钢琴大师并没有开口，只是抽出第一次交给学生的那份乐谱递了过去。"弹奏吧！"他以坚定的目光望着学生。

不可思议的事情发生了，连学生自己都惊讶万分，他居然可以将这首曲子弹奏得如此美妙，如此精湛！钢琴大师又让学生试了第二堂课布置的练习，学生依然呈现出超高水准的表现……演奏结束后，学生怔怔地望着钢琴大师，说不出话来。

"如果，我任由你表现最擅长的部分，可能你还在练习最早的那份乐谱。就不会有现在进步的程度和超水平的发挥……"钢琴大师缓缓地说。

可见，超越自己比超越别人更困难，人都有盲点，尤其是看不清自己的缺点。因此，与自己赛跑是一个艰难的过程，而进取的性格正是进行自我挑战的力量支持。一个人积极地进行自我挑战，本身就是一种莫大的成功。只有懂得不断超越自己的人，才能引领自己的人生走向另一个高度。

德国著名作家歌德说："人的一生中最重要的就是树立远大的目标，并且要以足够的才能和坚定的雄心壮志去实现它。"意大利文艺复兴时期的大艺术家米开朗琪罗，在工作室中一幅精巧塑像下面写了这样一句话："做一个更了不起的人！"在自己的进取的道路上遇到挫折和感到自满时，无数次地用这句话不断地激励自己始终保持雄心壮志。

可见，只有受到伟大目标的激励，突破自我，执著地追求人生的真谛的人，才能有所成就。成就的大小与成就本身，在很大程度上都取决于你的进取心和决断力。没有哪一个有成就的人不是通过不懈的追求而达至目标的。一旦雄心壮志消退了，你就失去了前进的动力；一旦动力消失了，你就会随波逐流。因此，每一个有着自我志向的人，都必须从现在开始培养自己进取的性格与品质，否则必将一生一事无成。

总之，对每一个人来说，如果总是不求上进地只是喜欢做一些简易的、不必费心思花力气的事情，或仅满足于一点既得的成绩，那么，能力与水平便只会停留在一个层面上，永远得不到长远的发展。其实，开创生活虽然不是很容易，但对我们的人生富有意义。你无法使时光停止，但是可以停止消极悲观的思想，积极地开发和运用自己的潜能，你就会达成你的目标。

第七节　不自满会有更大的收获

身处激烈竞争的现代社会，每个人都要塑造一种勇于忘记过去的成绩、能够"从零开始"的进取型性格。不自满，我们才能不骄不躁；常常设定新的奋斗目标，我们才能在人生的道路上继续向前迈进。

印度著名诗人泰戈尔曾说："在人生的道路上，所有的人并不站在同一个场所——有的在山前，有的在海边，有的在平原；但是没有一个人能够站着不动，所有的人都得朝前走。"

今天，我们身处于优胜劣汰的竞争社会之中，做任何事情，都需要有一种进取的精神：在取得成绩之时应谦虚一些，得意之时最好淡然一些，少一点自负，少一些幻想，在学习中进步，在进步中学习，树立不断向上提升自己的信念，这样才会少一些失败，少走弯路，拥有一个积极充实的人生。

在很久以前，有一个村庄里住着一位做泥娃娃的手艺人。他做的泥娃娃十分漂亮，村里人人喜欢，在市场上也很畅销，所以他的日子过得不错。

艺人有一个儿子，为了手艺不失传，艺人教儿子做泥娃娃。儿子的手比父亲的还巧，加上他年轻力壮，干起活来干脆利落，因此他做的泥娃娃比父亲做的还好。

起初，儿子做的泥娃娃和父亲做的卖一样的价钱。但是，当挨了父亲的训斥之后，儿子做泥娃娃就更加认真了。结果没用多久，儿子做的泥娃娃的卖价就超过了父亲。父亲做的泥娃娃每个卖2块钱，儿子做的卖3块钱。可是，父亲对儿子的斥责并没有减少。他对儿子做的泥娃娃总是不满意，不是说这里有缺点，就是说那儿有毛病。因此，儿子做泥娃娃比以前更用心、更刻苦了，每天吃完饭就做泥娃娃，天天如此。于是，儿子的泥娃娃做得比以前更好了，在市场上出售的价格不断提高。父亲做的泥娃娃还是跟以前一样，每个卖2块钱，而儿子做的则涨到了4块钱，5块钱，6块钱，8块钱，最后到了10块钱！

可是，父亲仍不满意。他给儿子做的泥娃娃一个一个地挑毛病：这只眼睛比那一只大了，两个肩膀不匀称；这做的是耳朵，还是扬谷用的簸箕？指甲太小，看都看不见！儿子有些生气了，说："爸爸，你为什么老是挑我做的泥娃娃的毛病？你做的泥娃娃，每个我都能挑出20个毛病，你也不看看，你做的泥娃娃至今仍卖2块钱一个，而我做的呢，卖10块钱人们还都争着买。我觉得我做的泥娃娃什么毛病也没有，根本不必再加工。"

父亲很失望，伤心地说："孩子，你说的我都明白。不过这些话从你嘴里说出来，我很难过。因为我知道，今后你做的泥娃娃的价钱永远也不会超出10块钱了。"

"为什么？"儿子惊奇地问。

父亲看了看儿子，说："作为一个手艺人，如果认为自己的手艺到了家，没有改进的余地了，或者认为根本没有改进的必要，那么就意味着他的长进就此停止。艺人什么时候自满，他的手艺就再也不会提高了。曾经有一天，我也对自己的手艺自满起来，结果从那天开始一直到现在，我做的泥娃娃只能卖2块钱一个，从来没有超过这个价钱。"

儿子听后，惭愧地低下了头。

古往今来，骄傲和自满不知道毁了多少本来可以成就大事的人才，令他们在通往成功的道路上一直停滞不前。对于任何一个人来说，骄傲自满都是增长才智的障碍，是实现理想的暗礁。

事实上，我们所生活的这个世界上，没有一成不变的环境与事物，每个人随时随地都可能需要转换生活方式、生存环境、生存角色、生存意识。如果我们总是拘泥于一个位置，止步不前停留在原地，安于现状，为了曾经取得的一点小小的成绩而沾沾自喜，不思进取，那么就会失去力争上游不断进步的动力，就无法将自己的理想付诸切实的行动；同时，这种原地踏步的人生也是一种倒退的表现，会让我们成为井底之蛙，看不到更广阔的空间，也就得不到更长远的发展，最后将被社会淘汰，被历史遗忘。因此，每个人都应不断地提升自己，勇于更新自己的思维方式，转换自己的生存状态，调整自己的前进步伐。

有一家公司的主管，在一次培训课上，用一幅图诠释了一个人生寓意。

他首先在黑板上画了一幅图：在一个圆圈中间站着一个人。接着，他在圆圈的里面加上了一座房子、一辆汽车、一些朋友。

主管说："这是你的舒服区。这个圆圈里面的东西对你至关重要：你的住房、你的家庭、你的朋友，还有你的工作。在这个圆圈里头，人们会觉得自在、安全，远离危险或争端。现在，谁能告诉我，当你跨出这个圈子后，会发生什么？"

教室里顿时鸦雀无声，一位积极的学员打破沉默："会害怕。"

另一位说："会出错。"

这时，主管微笑着说："当你犯错误了，其结果是什么呢？"

最初回答问题的那名学员大声答道："我会从中学到东西。"

主管说："正是，你会从错误中学到东西。当你离开舒服区以后，你学到了你以前不知道的东西，你增长了自己的见识，所以你进步了。"

主管再次转向黑板，在原来那个圈子之外画了个更大的圆圈，还加上些新的东西，如更多的朋友、一座更大的房子，等等。

"如果你老是在自己的舒服区里头打转，你就永远无法扩大你的视野。永远无法学到新的东西。只有当你跨出舒服区以后，你才能使自己人生的圆圈变大，你才能把自己塑造成一个更优秀的人。"主管说道。

对我们来说，人生是一个圆圈，在这个圆圈里有固定的属于自己的舒服区。如果不走出这个舒服区，人生的圆圈就只能那么大；只有富于进取之心，勇敢地跨出自己的舒服区，才能拓展自己的人生，也才能得到更多的东西。因此，我们绝不能满足于小小的成绩就故步自封，自以为万事大吉而不思进取，要敢于时时刻刻"从零开始"，继续朝着下一个目标前行。

第八节　走自己的路

独立，既创造了自我，也成就了社会。没有社会成员文化意识上的独立，这个社会将失去存在的质量。在面对压力、挫折及困境时，能否发挥出独立进取的性格，自己的路自己来走，则是一个人成败的关键。

生命的真谛在于独立进取。独立，是一个人生存的最高境界。实际上，一个人一生的奋斗过程，也就是在追求独立的过程：生存独立、经济独立，思想独立，感情独立，人格独立，意志独立……在这个世界上，能够实现自己人生价值的人，一定是有着独立进取精神的人。

切·格瓦拉是前古巴革命领导人，1928 年出生于阿根廷罗萨里奥市一个资本家兼庄园主家庭，他曾被西方和拉美报刊冠以"浪漫冒险家""红色罗宾汉"和"拉丁美洲丛林游击战之神"的美誉。

童年时代，他由于生活富裕而享受了几年美好的时光。但物质的富裕并没有妨碍他成为一个独立意识极强的人。

青年时代以后，格瓦拉的生活发生了大转折。因为他的父亲破产了，他的富裕生活结束了，他不得不依靠自己的工作来支付中学和大学的学费。但他并没有因此而自轻自贱，仰人鼻息。他找工作、挣钱糊口，都是带着"劳动者光荣"的尊严的。

这期间，他做过很多工作。他一直被一种力量支配着，这种力量就是独立自主的愿望。他要寻找理想，一种能让自己自由自在做人、做事的理想。为此。他的足迹踏遍了阿根廷各省。他走了一程又一程，风餐露宿，心里滋生起对压迫制度愈来愈大的仇恨。他渐渐成为一名布道者，一名武装的十字军战士，开始追求拉丁美洲的独立。

1955 年，格瓦拉和菲德尔·卡斯特罗以及正准备打回祖国的古巴流亡者在墨西哥城进行了历史性的、具有决定性意义的会晤。共同的志向使两人一见如故，于是格瓦拉成为正在组建中的古巴远征军的一员。

格瓦拉迷恋革命，因为革命可以使他的自我意识得到充分发挥，这与他的独立性格十分吻合。可以说，革命是他生命的需要，他天生就具有这种气质，而他的后天经历又加深、加固了这种气质。他也深知，只有革命，才能让他充分解放自己，不为任何外在的东西所奴役。因而格瓦拉与卡斯特罗并肩战斗，由于其卓越的军事领导才能而名声大振，被誉为古巴起义军中"最强劲的游击司令和游击大师"。只是为了一个共同的目标，他才与卡斯特罗彼此忠诚地合作了很长时间。古巴革命胜利后，卡斯特罗没有忘记这位生死与共的得力助手。1959 年 2 月，古巴政府宣布格瓦拉为古巴公民，此后又给予了他极高的荣誉和地位。格瓦拉先后担任过古巴土地改革全国委员会主任、国家银行行长、工业部长等职位。

格瓦拉凭借自己自强不息的革命精神及独立进取的性格，做出了如此辉煌的事业。在这个充满竞争与压力的年代，人生的浩渺天空终归要自己去飞翔。对于任何一个人来说，是做一只蜗居的小鸟，还是做一只展翅高飞的雄鹰，关键在于你是否有一颗独立进取的心。

相传，佛祖在传道途中因病去世，弟子们在他临终前问道："吾师圆寂后，吾辈依靠什么生活？"佛祖笑道："舍弃依赖心。"

的确如此，只有舍弃了依赖心，才能成为强者。降生于世，行走人生，每个人都难免会有一点依赖心，依赖父母，依赖朋友，依赖爱人，依赖时来运转……但是，同时必须清楚地了解：自己才是自己的主人，只有自己才能帮助自己到达成功的顶峰，人不可能一辈子生活在"家"的庇护之下。对于具备了独立型性格的人而言，"家"只是一种惦念，一种牵挂，而绝不是依赖，绝不是成功的归宿。

文学史上著名的勃朗特三姐妹，还有着一个默默无闻的弟弟布朗韦尔。因为是独生子，布朗韦尔在全家的宠爱和呵护下长大。他的父亲坚信自己的儿子一定具有很高的艺术天赋。因此，尽管家境非常贫寒，父亲也想方设法为布朗韦尔提供一切方便条件，送他到皇家艺术学院深造。而他的三个姐姐为了让弟弟完成学业，早早地走出家门，拼命地赚钱，受尽了人间磨难。可以说，布朗韦尔一直在全家人的照顾下长大，道路是平坦的，条件也是优越的。可他却不知珍惜，不思进取，常常找出种种借口放弃学习的良机。他在外面大吃大喝，甚至吸毒，最后成了一个地地道道的花花公子。而他的三个姐姐阅尽人间沧桑，默默地独立耕耘，在生活的磨砺下成长为人生的强者。夏洛蒂创作了《简爱》，爱米莉写出了《呼啸山庄》，小妹妹也出版了《安格尼丝·格雷》，一时传为文坛佳话。

有位哲人说过："一个没有经历过磨难的生命会存在许多的缺憾！"的

确，一个人，唯有经过磨难的反复洗礼，凭借自己的力量去战胜困难，拥有一个独立自主的人生，才能显示生命的强度和美感。因此，每个人都应当培养及保持自己独立进取的优秀品性，摆脱自己对他人的依赖性，实现内心的真正独立。

那么，如何培养自己独立的好性格呢？以下法则可供参考：

1. 学会生活，自己的事情自己做

独立人生就是要独立地面对社会。一个人从幼稚、依赖逐渐走向成熟，首要就要学会自理生活。生活麻烦复杂，各种琐事都需要亲历亲为。所以，一个人要想培养独立型性格，就应该学会"过日子"，小到洗衣做饭，大到迎风傲雪，都要会调弄。一屋不扫，何以扫天下？培养独立的性格就是要从学会生活做起。

2. 决策自己的人生

人贵在有主见，只有自己来掌握人生的航向，才会有安全感和方向感，拥有一个美好的人生。相反，一个不敢坚持自己意见的人，很难做出令人瞩目的成绩，很难谈得上性格的独立。

3. 不要忽略生活中的小事

一个人独自在外，首先应学会自己照顾自己。比如，如果感觉身体哪里不舒服，应及时吃药或到医院查个究竟，以免贻误病情。

4. 必须学会理财

独立生活，无法回避理财的麻烦。妥善保存一些票据，它们是我们缴纳各种费用的凭证；每个月的收入、支出都有哪些，应该仔细入账，这样便于我们控制收支平衡；绝不能盲目花销，一定要有计划，不能过那种"富不过三天，穷不过一月"的生活；另外，还要备一部分钱以备急需之用。

5. 无论何时始终选择坚强

一个追求独立的人，在内心深处往往不愿接受他人的呵护。在坚持独立打拼人生的过程中，当被迎面而来的厄运击中时，才是考验你真正意义上的独立的关键时刻。意志薄弱者，这时很可能灰心丧气，甚至会在人生的关卡处一蹶不振；而一个不惧困难的强者，这时会愈战愈勇，因为那种不甘屈从于命运的勇气和信念，会让他有一种百折不挠的精神。直面厄运，顽强打拼，既可战胜困难，又锻炼了自己的独立性格。这样，厄运也就成了机遇，成了财富。

6. 有自我保护意识

做一个性格独立的人，也不可忽视自己的安全问题。无论是人身安全，还是财产安全，都是我们开创人生的基本保障。同时，在工作与生活之中，要谨记"害人之心不可有，防人之心不可无"；还要做到"亲君子、远小人"，即对于那些为人不错、本质又好的人可以适当亲近，而对于那些品行不端的人，最好要保持一定的距离。因为一个人只有学会把人看清、看透，才不会轻易陷入他人的圈套，才能保护好自己。

第九节　活出自己的风采

每一个人在攀登人生顶峰的旅途中，可以听取别人的意见，接受别人的帮助，但一定要记住——自己才是人生之船的掌舵者！绝不可以人云亦云，做别人意见的傀儡。否则，你不但会在左右摇摆、不知所往中身心疲惫，失去许多可贵的成功机会，有时还会失去自我。

从前有一位画家，想画出一幅人人都喜欢的画。经过几个月的辛苦创作，他把画好的作品拿到市场上去，在画的旁边放了一支笔，并附上一则说明：亲爱的朋友，如果你认为这幅画哪里有欠佳之笔，请赐教，并在画中标上记号。

晚上，画家取回画时，发现整个画面都涂满了记号——没有一笔一画不被指责。画家心中十分不快，对这次尝试深感失望。

画家决定换一种方法再去试试，于是他又摹了一张同样的画拿去市场上展出。这一次，他要求每一位欣赏者将其最为欣赏的妙笔都标上记号。

晚上，画家取回画时，惊喜地发现整个画面也都被涂满了记号。

最后，画家不无感慨地说："我现在终于明白了，无论自己做什么，只要使一部分人满意就足够了。因为，在有些人看来是丑的东西，在另一些人的眼里则恰恰是美好的。"

每个人对人生和世界的看法都不尽相同，要达到世人眼中的标准是不大可能的，那意味着你无论做什么事都要合乎别人的眼光和标准。人生际遇不同，对同一问题便有不同的回答。1000 个人眼中就有 1000 个哈姆莱特，有 1000 个对哈姆莱特悲剧命运的哀伤，对"宇宙的精灵，万物的灵长"的赞叹。四个不同的几何图形，有人看出了圆的光滑无棱，有人看出了三角形的直线组成，有人看出了半圆的方圆兼济，有人看出了不对称图形独到的美；同是一个甜麦圈，悲观者看见一个空洞，而乐观者却品味到它的味道；同是交战赤壁，苏轼高歌"雄姿英发，羽扇纶巾，谈笑间樯橹灰飞烟灭"，杜牧却低吟"东风不与周郎便，铜雀春深锁二乔"；同是"谁解其中味"的《红楼梦》，有人听到了封建制度的丧钟，有人看见了宝黛的深情，有人悟到了曹雪芹的用心良苦，也有人只津津乐道于故事本身……测量一栋大楼的高度，有人利用太阳下的阴影，通过三角函数的关系简单算出；有人用绳子与楼房比较，然后测绳子长度，有人用气压计，从楼底到楼顶，通过气压变化来计算，也有人询问楼房管理员……

问题的出现是一个起点，问题的解决则是终点，过程则是多样的。认识事物的角度、深度不同，解决问题的方法就算自然不相同。正所谓，有什么样的世界观，就有什么样的方法论。不妨引用苏轼的诗句，"横看成岭侧成峰，远近高低各不同"。生活是一个多棱镜，总是以它变幻莫测的每一面反照生活中的每一个人。因此，不必介意别人的流言蜚语，不必担心自我思维的偏差，培养独立进取的好性格，坚信自己的眼睛，坚信自己的判断，执著自我的感悟，用敏锐的视线去透视这个世界，用心去聆听、抚摸这个多彩的人生，给自己一个富有个性的回答。

美国著名思想家爱默生，在一篇谈论自信的文章中曾经写道："要成为一名顶天立地的男子汉，就不能随波逐流。"做自己认为对的事，做自己想做的人，无论成败与否，你都会获得一种无与伦比的成就感和自我归属感。正如但丁的那句豪言：走自己的路，让别人说去吧！

有一次，范晓萱对采访她的记者谈起对自己的看法时说："以前我很辛苦，因为我太在乎别人的感觉，太在乎其他人怎么看我，所以，我很多时间总是去想别人会怎么想，什么都想去做得面面俱到，因此，变得很辛苦。现在，我学会了跟着感觉走，也能比较清楚地表达我的看法，我只是想活得轻松些，不要那么辛苦。"

事实上，只要一个人做好应该做的事情，就值得称赞。在每干完一件事情的时候，都能够使自己无愧于人，都知道自己能够做些什么，他就可以义无反顾地去实现自己的目标，而用不着在乎别人的看法和眼光。独立坚强的心不会惧怕孤独，心灵的充实更胜过虚假的繁荣。每个人都可以用自己喜欢的方式生活，做自己喜欢做的事，宠爱自己。因为生命匆匆，不必委曲求全，不要给自己留下遗憾，做一个独特的自己才是最重要的。你不必将缺点或弱点暴露在你所处的社会中，但是谨慎之余，也许你会过分在乎别人的存在。如果你始终怀疑别人是否会在背后批评你，因此不敢相信朋友和社会大众，这也是一件令人遗憾的事。

不应过分在意别人的观点，一个重要原因，是别人众多，而你只有一个，如果处处照顾别人的看法，必将无所适从。所以我们必须洒脱一些，不要活在他人的眼光之中。何况，在社会生活中，有卓见者总是少数，孤独寂寞、不被理解是很自然的事情。尤其在时移势易，应当有所革新的时候，如果过分看重众人的意见，那就什么事情也做不成了。

人生本来就是丰富多彩的，每个人的人生正是因为独特而变得与众不同，璀璨夺目。真正能够活出自己风采的人是最幸福的人，是具有独立精神的人，也是最成功的人。因为他们挖掘了自己的所有爱好和潜能，他们无愧于自己，活得真实，活得坦荡，活得自然，活得精彩。

第七章　宽容撑起一片天

　　宽容忍让，自古以来就是中华民族的传统美德。孔子认为，一个真正成功的人有包容、恭敬、诚信、灵敏、慷慨五德，而包容是五德之首。为人处世的最高境界就是拥有容纳一切的胸怀，宽容大度不会伤人和自伤。在现今社会，凡能成就大事的人，都会时刻秉持着宽容的好性格来做人做事，也同时拥有了和谐的人际关系，在危难之时，在需要帮助之际，同样也会收获来自他人的宽容、理解、帮助及支持，从而使人生的旅途变得更加顺利。

第一节　有容乃大

　　法国19世纪的文学大师雨果曾说过这样的一句话："世界上最宽阔的是海洋，比海洋宽阔的是天空，比天空更宽阔的是人的胸怀。"

　　一个人，没有容人的肚量就不会有任何的成就。宽容是一种艺术，宽容别人不是懦弱，更不是无奈的举措。在短暂的生命里学会宽容别人，能使生活中平添许多快乐，使人生更有意义。正因为有了宽容，我们的胸怀才能比天空更宽阔，才能尽容天下难容之事。

　　古希腊神话中有一位大英雄叫海格里斯。一天他走在坎坷不平的山路上，发现脚边有个袋子似的东西很碍脚，海格里斯踩了那东西一脚，谁知那东西不但没有被踩破，反而膨胀起来，加倍地扩大着。海格里斯恼羞成怒，操起一根碗口粗的木棒砸它，那东西竟然长大到把路堵死了。

　　正在这时，山中走出一位圣人，对海格里斯说："朋友，快别动它，忘了它，离它远去吧！它叫仇恨袋，你不犯它，它变小如当初；你侵犯它，它就会膨胀起来，挡住你的路，与你敌对到底！"

我们生活在茫茫人世间，难免会与别人产生误会、摩擦。如果不注意，在我们心怀仇恨之时，仇恨便会悄悄成长，最终会导致堵塞通往成功的道路。所以我们一定要记着在自己的仇恨袋里装满宽容，那样我们就会少一分烦恼，多一分机遇。宽容别人也就是宽容自己。

古人曾经说过："人之有德于我也，不可忘也；吾有德于人，不可不忘也。"别人对我们的帮助千万不可忘记，别人若有愧对我们的地方也应该乐于忘记。老是对别人的坏处念念不忘的人，实际上受伤害最深的是他自己的心灵。这种人轻则内心充满抱怨，郁郁寡欢；重则自我折磨，甚至不惜疯狂报复，酿成大错。而那些"乐于忘记"的人不仅忘记了自己对别人的好，更难得的是他们忘记了别人对他们的不好，因此他们可以甩掉不必要的包袱，无牵无挂地轻松前进。

一个宽宏大量的人最容易与别人融洽相处，同时也最容易获得朋友。古今中外因为有容人之量而获得他人的颂扬的例子数不胜数。

唐高宗时期，有个吏部尚书叫裴行俭，家里有一匹皇帝赐予的好马和一个珍贵的马鞍。他有个部下私自将这匹马骑出去玩，结果摔了一跤，摔坏了马鞍，这个部下非常害怕，连夜逃走了。裴行俭派人把他找了回来，并且没有责怪他。

又有一次，裴行俭带兵去平都支援李遮匐，结果获得了许多有价值的珍宝，于是就宴请大家，并把这些有价值的珍宝拿出来给客人看。其中有人把一个非常漂亮的玛瑙拿出来时不小心给打碎了，顿时害怕得不得了，伏在地上叩头请罪。裴行俭说："你不是故意的，不碍事的。"

因为具有容人之量，受损的一方并没有因自己的损失而大发雷霆，而相反表现出宽宏大量、毫不计较的美德和风度。一个只有豁达大度、宽宏大量的人才能接受别人，善于与他人相处，也就能被别人理解和接受。

具有容人之量是一种超脱，是自我性格力量的解放，是天高云淡，一片光明；具有容人之量是一种宽容，方能胸无芥蒂，吐纳百川；肚量大的人，心大，心宽，悲愁痛苦的情绪，都在嬉笑怒骂、咆哮大喊中被撕个粉碎。豁达是一种开朗，是一种自信，可以给人智勇，使人消除烦恼，摆脱困境；豁达还是一种修养，一种理念，一种至高的精神境界。

历史上，成功的人物，并非有三头六臂，功力高人，而是他的肚量比一般人大。就像布袋和尚被人歌颂"大肚能容，容却人间多少事；笑口常开，笑尽人间古今愁"。

宽容性格的培养，主要在于把自己看作是一个平凡的人，把自己看作是社会中的一分子，想到能与他人相处共事是一种幸福的缘分，尽力消除以自我为中心的心理倾向，对世界心存感激，念及他人的优点和好处，让你的宽容心的波长和别人的波长一致。只有通过这种心的"广播电台"，你才能和别人交换信息和意见，并化敌为友，增添你人生中的朋友和伙伴。宽容和爱，这种人生感情只要肯付出给别人，终究会回报于自己。

在日常的工作和生活中，培养自己宽容的性格，必须注意以下几点：

1. 避免矛盾和纷争

生活中有许多鸡毛蒜皮的小事，如果你在对待那些无关轻重的小事时，睁一只眼闭一只眼，很容易小事化了。而如果你一点也不通情达理，一是一，二是二，制造矛盾、纷争，甚至流血牺牲都有可能发生。

生活中有很多精明的人总是喜欢抓住别人的小辫不放，以为这样做显示自己比他人高明，实际上这种言行上所谓的"精明"，恰恰是造成人际关系紧张、疏远的根本原因之一。

2. 以平和的心态待人

如果你是一个伶牙俐齿、眼疾手快的人，你必然会发现一些别人注意不到的疏漏之处。如果你一笑置之，不加追究，不久你就会忘掉这些东西；而一旦你觉得自己无法不指出来，非要把他人的疏漏昭示于天下，那你就会既弄得他人满心不快活，恐怕你自己的心情也难以平和下来。

3. 与人方便，与己方便

"与人方便，与己方便"，做到与人为善，别人也就会对你也大开方便之门。

总之，宽容别人，实际上是为了得到别人对你更多的宽容。当你具备了"海纳百川，有容乃大"的宽容型性格时，你就能平和地处世，拥有更多的幸福。那时，你的人生也会变得海阔天空。

好性格是这样培养出来的

第二节　忍让的价值

　　克己忍让，意为"克制自己，忍让他人"。它并不是说一个人懦弱可欺，相反，它体现的是一个人宽容的美好性格、宽阔的心胸以及自信、坚韧的品格。

　　克己忍让历来是中华民族的传统美德。

　　《荀子·儒效》中写道："志忍私，然后能公；行忍惰性，然后能修。"被誉为"亘古男儿"的宋代爱国诗人陆游，胸怀"上马击狂胡，下马草战书"的报国壮志，也写下过"忍志常须作座铭"。这种忍耐，不正凝聚着他们顽强、坚韧的可贵品格吗？有谁说他们是懦弱可欺呢？

　　晋朝朱伺说："两敌相对，惟当忍之；彼不能忍，我能忍，是以胜耳。"（《晋书·朱伺传》）这里所说的"忍"，正是一个人宽容性格及顽强精神的体现。

　　我国古代哲学家老子曾说："功成而弗居，夫唯弗居，是以不去。"意思是说：有功而不要自居，正由于不居功，所以功绩不会失去。又说："夫唯不争，故天下莫能与之争。"意思是：正因为不与人争，所以天下没有谁能争得赢他。这些都凝聚了中华民族深邃的智慧与博大的胸怀，是健全人格所应具备的品质。

　　中国古人还认为，谦让、礼让是德的主体，也是礼的主体。一人让，从而带动人人让，国家便可安宁、长久。

　　春秋时期，晋国和齐国在鞍大战，战斗进行得异常激烈，最终晋军大败齐军。晋军凯旋时，副帅士燮最后进入国都，他的父亲说："你不知道我盼望你吗？为什么不能早点回来？"士燮说："一般军队胜利归来，国内的人们必然热情欢迎。如果先回来，一定会特别引人注意，这岂不是要代替主帅领受殊荣吗，因此，我不敢先回来。"父亲对他的作法很赞赏。

　　论功行赏时，晋景公对统帅郤克说："这次我军大胜是你的功劳啊！"郤克回答："这完全是君王的训教和几位将帅的功劳，我有什么功劳呢？"晋景公称赞士燮的功劳与郤克同样大。士燮说是听从荀庚命令、接受郤克统帅的结果。景公称赞栾书，栾书说："这次胜利有赖于士燮的指挥和士兵

126

的奋力作战。"晋军将领互相谦让、推功及人的美德反映了他们团结协作、共同战斗的精神，这正是大败齐军的关键所在。几年以后，晋军主帅战死。晋侯检阅军队，派遣士匄率领中军，士匄辞谢了，他说："苟偃比我强，请派苟偃吧。"于是让苟偃率领中军，士匄辅佐。晋侯又派韩起率领上军，韩起要让给赵武，晋侯就派遣栾黡，栾黡推辞说："我不如韩起，韩起愿意让赵武在上，君王还是听从他吧。"于是赵武率领大军，韩起辅佐。

晋国的将帅在名利面前互相礼让，晋国百姓也因此而团结一心，几世受益。谦让以功，谦让以利，谦让以位，这是个人品质高层次的表现。这种品德使国家安，人民安，也会为自己赢得世人尊重。所以精明的人都懂得谦让的重要性，不会对所得斤斤计较。

在任何一个社会群体中，如果人人争权夺利，好居人上，并为此不择手段，那么这一定是一个充满纷争、猜忌、动荡不安的社会，生活在这样的群体中，人们将不能正常发展，也谈不上愉快幸福。反之，人们若能谦恭礼让，诚恳待人，便会形成使每个人都能充分发展的环境，使生活在其中的人们感受愉快幸福。古人崇尚礼让正是表现了这种追求。

其实，古往今来，每一名成功者都具有克己忍让的优秀性格，能够做到得容人处且容人。

德国著名作家歌德，有一天到公园散步，迎面走来了一个曾经对他作品提过尖锐批评的批评家，这位批评家站在歌德面前高声喊道："我从来不给傻子让路！"

歌德却答道："而我正相反！"一边说，一边满面笑容地让在一旁。

歌德凭借克己忍让的宽容性格及幽默语言的巧妙运用，避免了一场无谓的争吵。

人们在社会交往中，难免会发生各种各样的矛盾和冲突，在这种情况下，如果互不忍让，必将使矛盾激化冲突升级，加重双方的对抗心理，最终产生不可收拾的局面；即使一方凭借权力或武力去压倒对方，那也只能造成压而不服，或口服心不服的状况。而高明的方法应该是克己忍让，礼让三分，得容人处且容人，让事实来"表白"自己。一旦你这样做，你的宽容品格必然会激起对方的愧疚之感，对方会打心底里由衷地佩服你，这样也就能够化干戈为玉帛，形成良好和谐的人际关系，你不仅不会失去名望，而且还能获得真诚的拥护者及珍贵的友谊。

在现代社会中，不同程度的"恩怨"往往会由于各种矛盾和关系的调节与处理不当而产生。而由于这些各种各样的"恩怨"，使得社会上出现许多不安定的因素，使每个人的身心都受到极大的伤害。因此，尽管克己忍让必定要以自己的某种牺牲为代价，但由此换来的个人的利益是无法估量的，这也是"克己忍让"的价值。

很久以前一位犹太智者曾经说过，大街上有人骂他，他连头都不回，他根本不想知道骂他的人是谁。因为人生如此短暂和宝贵，要做的事情简直就是太多了，何必为这种令人不愉快的事情浪费时间呢？这位智者的确把自己的容人之心和忍让品格修炼到了一定的境界。

因此，在生活和工作中，每一个人都应当养成这种克己忍让的良好性格，都应该时刻知道自己该干什么和不该干什么，知道什么事情应该认真，什么事情可以不屑一顾。当然，要真正做到这些也并不是简单的事，它需要一个人经过长期而艰苦的性格上的磨砺，培养自己良好的修养，能够做到善解人意，善于从对方的角度设身处地思考和处理问题，多一些体谅和理解，这样才会塑造宽容忍让的好性格，才会在人际交往中多一些友善的情谊，创造出和谐的人际关系。

第三节　斤斤计较只能失去更多

美国有位作家曾说过："没有豁达就没有宽容。"心胸豁达是宽容性格的鲜明特征。而不怕吃亏，凡事不斤斤计较，正能够体现出一个人豁达大度的一面。

清代中期，有个"六尺巷"的故事。

据说当朝宰相张英与一位姓钟的侍郎都是安徽桐城人。两家毗邻而居，都要起房造屋，为争地皮，发生了争执。张老夫人便修书北京，要张英出面干预。这位宰相到底见识不凡，看罢来信，立即做诗劝导老夫人："千里家书只为墙，再让三尺又何妨？万里长城今犹在，不见当年秦始皇。"张母见书明理，立即把墙主动退后三尺；叶家见此情景，深感惭愧，也马上把墙让后三尺。这样，张叶两家的院墙之间，就形成了六尺宽的巷道，成了有名的"六尺巷"。

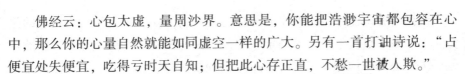

佛经云：心包太虚，量周沙界。意思是，你能把浩渺宇宙都包容在心中，那么你的心量自然就能如同虚空一样的广大。另有一首打油诗说："占便宜处失便宜，吃得亏时天自知；但把此心存正直，不愁一世被人欺。"

凡是具有宽容性格特征的人，都不怕吃亏，不会斤斤计较于一些无足轻重的小事。"吃亏是福"道出的是一种豁达洒脱的处世态度，敢于吃亏也是一种做人的方法，是宽容性格的一种体现。做人的可贵之处是乐于退让，自己主动吃点亏，往往能把棘手的事情做好，能把很难处理的问题顺利解决。

西汉时期，有一年过年前，皇帝一高兴，下令赏赐给每个大臣一头羊。羊有大有小，有肥有瘦，在分羊时，一名负责分羊的大臣犯了难，不知怎么分才能让大家满意。正当他束手无策时，一名大臣从人群中走了出来，说："这批羊很好分。"说完，他就牵了一只瘦羊，高高兴兴地回家。众大臣见了，也都纷纷仿效，不加挑剔地牵了一头羊就走，摆在大臣们面前的一道难题一下子就迎刃而解了。率先牵瘦羊的大臣既得到了众大臣尊敬，也得到了皇帝的器重。对于这名大臣来说，"亏"岂不正是"福"吗？

亏己者，能让人们觉得他有肚量而加以敬重。这样，亏己者的人际关系自然就比别人好，当他遇到困难时，别人也乐于向他伸出援救之手；当他奋斗于事业时，也会获得他人给予的支持和帮助，事业自然就容易获得成功。只要我们留心一下历史和身边的人，就不难发现，凡是那些取得了巨大成就的人，尤其是那些有杰出成就的人，无一不是胸怀宽广不怕亏己的人。

做人懂得适当吃亏，在一定条件下，也是一种福气，不怕吃亏的人更容易成功。

有一家砂石厂的老板，没有文化，也没有任何背景，但他的生意却出奇的好，而且历经多年，长盛不衰。说起来他的秘诀也很简单，就是与每个合作者分利的时候，他都只拿小头，把大头让给对方。如此一来，凡是与他合作过一次的人，都愿意与他继续合作，而且还会介绍一些朋友，再扩大到朋友的朋友，也都成了他的客户。

在现实生活中，能够主动吃亏的人实在太少，这并不仅仅因为人性的弱点，很难拒绝摆在面前本来就该你拿的那一份；还因为大多数人缺乏高瞻远瞩的战略眼光，不能舍眼前小利而争取长远大利。

英国哈利斯食品加工工业公司总经理亨利，有一次突然从化验室的报告单上发现，他们生产食品的配方中，起保鲜作用的添加剂有毒，虽然毒性不大，但长期服用对身体有害。如果不用添加剂，则又会影响食品的鲜度。

亨利考虑了一下，他认为应以诚对待顾客，于是他毅然把这一有损销量的事情告诉了每位顾客，随之又向社会宣布，防腐剂有毒，对身体有害。

他做出这样的举措之后，使他自己承受了很大的压力，食品销路锐减不说，所有从事食品加工的老板都联合起来，用一切手段向他反扑，指责他别有用心，打击别人，抬高自己。他们一起抵制亨利公司的产品，亨利公司一下子跌到了濒临倒闭的边缘。苦苦挣扎了4年之后，亨利的食品加工公司已经无以为继，但他的名声却家喻户晓。

这时候，政府站出来支持亨利了。于是，哈利斯食品公司的产品又成了人们放心满意的热门货。哈利斯食品公司在很短时间内便恢复了元气，规模扩大了两倍，一举成为了英国食品加工业的"龙头公司"。

可见，在我们的生活和工作中，有时吃亏后收获的并非都是损失，更多的体现了一种成全他人的品德，而且从中会得到长远的回报。"吃亏是福"也不是简单的阿Q精神，而是福祸相依的生活辩证法，是一种深刻的人生哲学。相信"吃亏是福"，可以使心胸变得宽阔，心态更加乐观、积极，而且当自己遇到困难时，也能得到更多人的真心帮助。

因此，要想让自己成为一个具有"不怕吃亏，凡事不斤斤计较"性格的人，就要做到平时凡是小事都不要太过和人计较，要经常原谅别人的过失。但是大事也不要糊涂，要有是非观念；不为不如意事所累，不如意事来临时，能泰然处之，不为所累；受人讥讽恶骂，要自我检讨，不要反击对方；学习吃亏，便宜先给别人，久而久之，从吃亏中就会增加自己的器量。

第四节　与人为善的好作风

宋代的寇准与王旦，同朝为官，王旦为宰相主管中书省，寇准为副相主持枢密院。两人性格相左，一个和善，一个刚直，所以常有摩擦。一日，中书省有文件送枢密院，不合诏书格式，寇准便把这件事报告了真宗，王旦受到了责备，中书省的官吏也受到了处分。不到一个月，枢密院有文件送中书省，也违反了诏书格式，中书省的官吏很高兴地呈送三旦，认为报复的机会来了。王旦却叫人把文件送还枢密院。寇准得知此事后，十分惭愧，拜见王旦说："您真是与人为善的典范，人之楷模呀！"

王旦与人为善，宽容对待同僚间的摩擦，不仅消除了彼此隔阂，还确保了政坛稳定。

孟子曾经说过："君子莫大乎与人为善。"意思是说：君子最高的品性就是同别人一道行善。后来，与人为善的语意有所拓展，多指以善意的态度对待他人，为人着想，乐于助人。在今天，提倡与人为善，对于构建和谐社会具有重要意义。

现实生活中，有些人的人际关系十分紧张，甚至时常会陷入四面楚歌、十面埋伏的绝境。究其原因，不是大家故意和他们过不去，而是他们在与人相处时总是傲气冲天、自以为是，对别人百般挑剔、随意指责，人为地造成很多进退两难的矛盾局面。一个人只有处处与人为善，严以责己，宽以待人，才能与他人和睦相处。

与人为善是宽容型这一优秀性格的具体体现。具有宽容性格特质的人都乐于助人。一个乐于助人、愿意帮助别人的人，人们都愿意与之交往做朋友，自己也能从中受益。这是因为，你在帮助他人时，无形之中就已经投资了感情，别人对于你的帮助会永记于心，只要一有机会，他们便会主动报答，这是你所希望的最好的人际互动。

在一个寒冬的夜晚，一对中年夫妇带着一个受伤的小孩子到一个小客店来投宿。在这天寒地冻的夜晚，找房是相当困难的，这间小旅店早就客满了。"这已是我们寻找的第十六家旅社了，这鬼天气，到处客满，我们怎么办呢？"这对中年夫妻望着店外阴冷的夜晚发愁地说。

店里的小职员看在眼里急在心里，怕他们被冻坏，便建议说："如果你们不嫌弃的话，今晚就住在我的床铺上吧，我自己在店堂里打个地铺。"这对夫妻非常感激，第二天要照店价付客房费，小职员坚持拒绝了。临走时，中年夫妻开玩笑地说："你将来必能成大器。"

"那是我追求的梦想。谢谢您。"他随口答应着，并坚持送他们一家三口走出很远。

三年后的一天，小职员的柜台上放着一封发自纽约的信函，信中夹有一张往返纽约的双程机票，信中邀请他去拜访当年那对睡他床铺的三口之家。小伙计来到繁华的大都市纽约，中年夫妻把小伙计引到第五大街和三十四街交汇处，指着那儿的一幢摩天大楼说："这是一座专门为你兴建的星级宾馆，现在我们正式邀请你来当总经理。"

年轻的小伙计因为一次友善的助人行为，实现了自己的梦想，这就是著名的奥斯多利亚大饭店经理乔治·波菲特和他的恩人威廉先生一家的真实故事。

在很多时候，你善待了别人，别人就自然会善待于你。这就要求我们，要待人如待己。在你困难的时候，你的善行会衍生出另一个善行。卡耐基曾在演讲中讲了这样一个动人的故事：

一个穷苦的小男孩，身着单薄的衣衫被冻得瑟瑟发抖，他为了攒学费不得不每天这样上街推销商品。劳累了一整天的他此时感到十分饥饿，但摸遍全身，却只有一角钱，怎么办呢？他决定向下一户人家讨口饭吃。当一位美丽的女孩打开房门的时候，这个小男孩却有点不知所措了，他没有要饭，只乞求给他一口水喝。这位女孩看到他很饥饿的样子，就拿了一大杯牛奶给他。之后，小男孩问这需要多少钱，小女孩则回答说，妈妈教育我要对人施以爱，你不必付一分钱。此时，他不仅感到自己浑身是劲，也感到自己将有美好的未来。他放弃了退学的念头，要把书继续念下去，一定要取得出色的成绩。

转瞬间数年过去了，当年的小女孩得了重病，她被转到大城市由专家们会诊治疗。而当年的那个小男孩如今已是大名鼎鼎的霍华德·凯利医生了，他也参与了医治方案的制定。当他从病历上看到那女孩的来历时，若有所感，就又转身去了病房，凯利医生一眼就认出床上躺着的病人就是那位曾帮助过他的恩人。他回到自己的办公室，决心一定要竭尽所能来治好恩人的病。经过他精心的治疗，这个女孩奇迹般地康复了。

凯利医生要求把医药费通知单送到他那里，在通知单的旁边，他签了字。当医药费通知单送到这位特殊的病人手中时，她不敢看，因为她确信，治病的费用将会花去她的全部家当。最后，她还是鼓起勇气，翻开了医药费通知单，旁边的那行小字引起了她的注意，她还轻声读了出来：

"医药费——一满杯牛奶。霍华德·凯利医生，"她叫起来，"原来是他——数年前的小男孩。"

"授人玫瑰，手留余香"。善待他人，其实就是善待自己。与人为善是人们在寻求成功的过程中应该遵守的一条基本准则。在当今这样一个需要合作的社会中，人与人之间更是一种互动的关系，因此只有我们去善待别人、帮助别人，才能处理好人际关系，从而获得他人的愉快合作。那些拥有宽容大度性格的人，通常都是乐善好施、不求回报的人，这样的人才会更容易拥有好的运气，走向人生的成功。

第五节 多站在对方的立场上考虑问题

一个人能够设身处地为他人着想，可以在无形中化解人际之间的矛盾，并升华自己的人格。

拿破仑作为全军统帅，在长期的军旅生涯中，养成了宽容他人的性格和美德。拿破仑批评士兵的事经常发生，但他每一次都不会盛气凌人的指责对方，而是能够很好地照顾士兵的情绪。因此，士兵往往对他的批评欣然接受，而且充满了对他的热爱与感激之情。这大大增强了军队的战斗力和凝聚力，逐渐成为欧洲大陆一支劲旅。

在征服意大利的一次战斗中，士兵们都很辛苦。拿破仑夜间巡岗查哨。在巡岗过程中，他发现一名巡岗士兵倚着大树睡着了。他没有喊醒士兵，而是拿起枪替他站起了岗。

大约过了半个小时，哨兵从沉睡中醒来，他认出了自己的最高统帅，十分惶恐。拿破仑却并不恼怒，他和蔼地对哨兵说："这是你的枪，你们艰苦作战，又走了那么长的路，你打瞌睡是可以谅解和宽容的，但是目前，一时的疏忽就可能断送全军。我正好不困，就替你站了一会儿，下次一定小心！"

拿破仑没有破口大骂，没有大声训斥士兵，没有摆出元帅的架子，而是语重心长、心平气和地指出士兵的错误。有这样大度的元帅，士兵怎能不英勇作战呢？如果拿破仑不宽容士兵，那后果只能是增加士兵的反抗意识，丧失了他本人在士兵中的威信，最终将削弱军队的战斗力。

在我们的日常人际关系中，能够设身处地为他人着想，更是一种不可缺少的良好品格。在人与人的相处中，如果只考虑自己的立场而忽视他人的感受，只会让你失去朋友，在危难之时也会缺少援助；而如果你能够换位思考，站在他人的角度去考虑问题，就会成为一个拥有善解人意的良好性格的人。美国直销皇后玫琳·凯在谈论人事管理和人际交往时，曾经讲述过她自己的一次亲身经历：

有一次，玫琳·凯参加了一堂销售课程，讲课的是一位很有名望的销售经理。这位经理课讲得确实很好，既生动幽默又鼓舞人心，玫琳·凯非常渴望和他握握手。玫琳·凯排了一个多小时的队，好不容易轮到她和经理面对面了，经理根本没有用正眼看她，而是从她的肩膀望过去，看看队伍到底还有多长，甚至他似乎忘了自己正在和别人握手。一个多小时的守候等来的竟然是这种结果，玫琳·凯觉得自己受到了莫大的侮辱和伤害。

后来，玫琳·凯成立了自己的化妆品公司，她有很多次机会公开演讲，也有很多次机会站在长长的队伍面前，和上百位人士不停地握手。

玫琳·凯说："每当我感到疲倦的时候，我总会想起那次令我感到受伤害的情形，然后我马上会打起精神，面带微笑直视握手者的眼睛，我还会说些比较亲近的话，哪怕是几句简短的闲谈：'我喜欢你的发型'或者'你口红的颜色漂亮极了'！我尽可能让对方感受到我的热情和真诚。我一直在极力避免让其他的事情来打扰我。只要是和我握手的人，我都会把他当作那个时候我最重要的人。"

设身处地就是一种换位思考，是一种虚拟，换句话说，"如果我是他，处在他的位置，我会怎么看待这个问题，我又能怎么处理这件事情？"从字面上来看，"设身"就是假设自己是当事人本身，"处地"就是处在当事人的地位和情境。

很多时候，父母和孩子之间的代沟、夫妻情侣之间的分歧、上司和下属之间的矛盾都是因为没有设身处地为别人着想而造成的。因为不了解对方的立场、感受及想法，我们无法正确地理解和回应。然而遗憾的是，很少人有这样的"好奇心"，人们更多的是站在自己的位置上"猜想"别人，认为别人应该怎样，或者站在"一般人"的立场上去界定别人"应该"有的想法和处理方式。实际上，设身处地为他人着想有很多好处：

1. 多一分理解，少一点矛盾

如果只从自己的角度来考虑问题，世界上那些不如意的事情都可能成为随时引发矛盾的导火线。为什么老板要求这么严格？为什么妈妈那么啰嗦？为什么他（她）会拒绝我的好心？如果你接下来的推理不再以自己为中心，把对方当作主语继续说下去，你会发现原来别人有难言之隐，有良苦用心，有为难之处，那所有的问题都将迎刃而解。

2. 多一分博大，少一腔怒气

也许你还会为一件事情而耿耿于怀，甚至大动肝火，但是因为站在别人的角度上思考，你将更加善解人意，更加细心，更加宽容，更加和善，你也会因此而心平气和，一腔怒气消散了，而同时你的人格也得到了升华。

3. 多一点信赖，少一点盲目

为别人着想给对方带来的是方便、利益和愉悦，别人自然会把你当作自己人来看待，无形之中就会信任你。而对你自己而言，先前那些盲目及你的不释然、困惑、恼怒都会因此消除。

总之，每个人都要放下自己的主观思想，多设身处地为他人着想，这样才能有真正的沟通，沟通之后才能建立起和谐的人际关系，并以此来推动自己人生的顺利发展。

第六节 把优越感让给别人

法国哲学家罗西法古说："如果你要得到仇人，就表现得比你的朋友优越吧；如果你要得到朋友，就要让你的朋友表现得比你优越。"

对于每一个人来说，当你身边的朋友能够表现出自身的优越感时，他们往往会产生一种自己很重要的感觉；但当你表现得比他们优越时，他们就会产生一种自卑感，形成一种羡慕和嫉妒交融的不良情绪反应，非常不利于人际关系的和谐发展。所以，我们应当培养自己宽容忍让的好性格，把优越感让给他人。

美国著名成功学家戴尔·卡耐基非常善于处理人际关系。然而，早年时，他也曾犯过为了表现自己的博学而不能容人的错误。

卡耐基回忆说："有一天晚上我参加一个宴会，宴席中，坐在我右边的一位先生讲了一段幽默故事，并引用了一句话，意思是'谋事在人，成事在天'。那位健谈的先生提到，他所引用的那句话出自《圣经》。他错了，我知道。我很肯定地知道出处，一点疑问也没有。我当时为了表现自己的优越感，我很多事，很讨嫌地纠正了他的错误言论。那位先生立刻反唇相讥：'什么？出自莎士比亚的著作？不可能！绝对不可能！'那位先生一时下不来台，不禁有些恼怒。

"当时我的老朋友法兰克·葛孟坐在我左边。他研究莎士比亚的著作已有多年，于是我就向他求证。葛孟在桌下踢了我一脚，然后说：'戴尔，你错了，这位先生是对的。这句话出自《圣经》。'

"那晚回家的路上，我对葛孟说：'法兰克，你明明知道那句话出自莎士比亚的著作。'

"'是的，当然。'他回答，'哈姆雷特第五幕第二场。可是，亲爱的戴尔，我们是宴会上的客人。为什么不能对别人的错误宽容以对呢？即使他说错了又有什么大不了的呢？那位先生在说话之前并没有要求得到你的认证，为什么不保留他的颜面呢？'"

在日常工作中，我们经常会发现这样的人，思路敏捷，口若悬河，建树颇多，但一说话就令人感到他很极端，因此别人很难接受他的任何观点和建议。这种人多数都是因为想要突出地表现自己，总想让别人知道自己很了不起，处处想显示自己有高人一筹的能力，他们幼稚地以为只要这样做便能获得他人的敬佩和认可。结果却往往适得其反，失掉了在朋友中的威信。实际上，在我们的日常生活中，面对他人一些无关紧要的小错误，放过去如果无伤大局，那就没有必要去纠正。这样不但能保全对方的面子，维持正常的和谐气氛，还能让你因有好的性格而拥有更多的朋友。

德国有一句流传很久的谚语，大意是这样的："你最纯粹的快乐，是享受比别人更具优越感的那一刻。"从别人的劣势中寻找自己的优越感，这正是我们人性中卑劣的一面。因此，我们在同别人谈到自己的成就的时候不要"浓墨重彩"，我们必须学会谦逊，只有这样，我们才能永远受到欢迎。

在这个世界上，任何人都希望能得到别人的肯定与好的评价，这些心理或举动都在不自觉地强烈维护着自己的形象和尊严。如果你对你的谈话对象过分地显示出高人一等的优越感，那么无形之中是对他的自尊和自信的一种挑战与轻视，他对你的排斥心理乃至敌意也就不自觉地产生了。那么，最终在与他人的交往中，你将会使自己逐渐变得孤立无助。

刘小姐是兴达公司人事部的一名职员。由于她近几年工作十分勤奋卖力，取得了不俗的成绩，于是人事部领导经过几番讨论研究，派她到公司的一个下属企业的人事部做主任。

在她刚到分公司人事部当主任的几个月当中，她显得春风得意，对自己的机遇和才能满意得不得了。她总是觉得自己高高在上，不可一世，每天都使劲吹嘘自己在工作中的成绩，如何拼搏进取，如何受到上司的表扬、赞赏等等。

但朋友们和同事们听了之后都非常不高兴，都在刻意地躲避他的目光。这使得她百思不得其解。过了一段时间，她发现根本没人再理她，虽然她仍是个主任，甚至连总公司的几位高层领导都不愿理她。她觉得自己活得很无聊，很孤独，每天坐在办公室里唉声叹气。这一切让老总看在眼里，一语点破了她自命清高的处世性格，她这时才意识到自己的症结到底在哪里。

从此她开始学会在与同事交谈时，多多赞美他人的长处和优点，这样，渐渐地她又与那些以前的朋友建立起了更稳固的友谊，这是她把自己身上的优越感让给了别人之后所得到的回报。

刘小姐通过这件事情深深地认识到：她的这些同事或上司也有很多可以显示自己优越感的成功之处，而这些成功之处也会让这些人感到无比的优越感。后来，每当她有时间与朋友闲聊的时候，她总是先请对方讲话，诉说他们的成功之处，与其分享，很少再提及自己的成功之处。

事实上，没有人愿意承认别人会比自己高明。其实，在与人交往时，假如你确实比对方高明，别人是看得到的，你不必试图证明你的高明。比方说，有人说了一句你认为错误的话，或者做了一件你认为错误的事。这时，你告诉他正确的应该是什么，无形中将对方摆在学生的地位，而自居为老师。除非你真的是他的老师，否则他必然不服气。即使你真的是他的老师，他同样会存有异议。300多年前，意大利天文学家伽利略说："你不可能教会一个人任何事情，你只能帮助他自己学会这件事情。"

关于优越感，美国著名成功学家戴尔·卡耐基曾有过一番相当精彩的论述："你有什么可以炫耀的优越之处呢？你知道是什么东西使你没有变成白痴的吗？其实不是什么大不了的东西，只不过是你甲状腺中的碘罢了，价值才五分钱。如果医生割开你颈部的甲状腺，取出一点点的碘，你就变成一个白痴了。五分钱就可以在街角药房中买到的一点点的碘，是使你没有住在医院的东西。价值五分钱的东西，有什么好谈的？"

可见，只有把优越感让给他人才是每个成功者的明智之举。无论是在言语还是在行为方面向人暴露自己的优越心理，都是令人反感的。所有的智者，只会尽量保持甘居人下的宽容忍让性格及谦逊姿态，结果他们反而受到大家的景仰，被人们举得高高的。这实在是人生处世的高明策略。

第七节 原谅比指责更有效

宽容是人类高尚的情怀。宽容要求我们去理解他人，不要苛责于人。事实上，原谅比指责更有效，更有利，它有助于培养人们的怜悯、宽容、仁慈之心。

一个人的心境是可以由自己来决定的，指责别人的错误也许非常重要，然而，适时原谅别人的错误，才是更高一层的做人准则和宽容性格的有力体现。

在一次大战结束后的庆功宴上，楚庄王由于大获全胜而十分高兴，不仅大鱼大肉款待众位将领，更安排自己的一位宠妃，到席间亲自为将士斟酒，借此表示奖励。酒足饭饱之际，将士们的酒越喝越多，胆子也越放越开。当这位妃子穿梭席间替将士们斟酒时，大厅上的蜡烛突然被风吹熄了，黑暗中，妃子感觉到有人趁机摸了她一把。

她急中生智，一把扯下了那个人头盔上的帽带，然后回到楚庄王的身边，既生气又委屈地把这件事告诉了楚庄王，请他好好惩治一下那个没有了帽带的人。

楚庄王听说有人调戏自己的爱妃，自然怒火中烧，但是转念一想，在场人士皆是有功之臣，而且每个人都已满脸醉意，一时得意忘形实在无可厚非，不值得大惊小怪，何必为了一个无心之过而小题大做，破坏原本欢乐的气氛呢？

于是楚庄王举起酒杯，对所有的将士们说："今天宴请大家，一定要玩得尽兴，不醉不归，因此请所有人都脱下头盔，不必拘泥礼节，大家一起狂欢吧！"

说罢，全场的人皆脱下头盔，再也分不出谁是那个被扯下帽带的无礼军官了。

楚庄王宽宏大量，并体恤军心，掩小恶以顾全大局，因此能在春秋时代，为楚国开拓出一片繁荣盛世。

学会宽容，用一颗宽容的心去待人，会将所有的不愉快都化解掉。大多数情况下，原谅要比指责更有效。

有一天，英国首相威尔逊在一个广场上举行公开演说。当时广场上聚集了数千人，突然从听众中扔来一个鸡蛋，正好打中他的脸，安全人员马上去搜寻闹事者，结果发现扔鸡蛋的是一个小孩。威尔逊得知后，先是指示属下放走小孩，后来马上又叫住了小孩，并当众叫助手记录下小孩的名字、家里的电话与地址。

台下听众猜想威尔逊可能要处罚小孩子，开始有些骚动起来。这时，威尔逊对大家说："我的人生哲学是要在对方的错误中，去发现我的责任。方才那位小朋友用鸡蛋打我，这种行为是很不礼貌的。虽然他的行为不对，但是身为一国首相，我有责任为国家储备人才。那位小朋友从下面那么远的地方，能够将鸡蛋扔得这么准，证明他可能是一个很好的人才，所以我要将他的名字记下来，以便让体育大臣注意栽培他，将来也许能成为棒球选手，为国效力。"威尔逊的一席话，把听众都说乐了，接下来的演说便更有亲和力了，大家也因此更加喜欢他。

威尔逊宽大的胸怀及睿智的语言，轻易就化解了尴尬的场景，也因此赢得了人们的尊敬。可见，原谅他人永远比嫉恨与指责更有价值。

"金无足赤，人无完人"，其实，每个人都有不完美的地方，每个人也都难免有犯错误的时候，想想自己对不起他人的时候是多么希望对方能够原谅自己，永远抹去这段不愉快的回忆，那么，你难道不应该也如此用宽厚的心去谅解别人吗？做人固然不能玩世不恭、游戏人生，但也不能太较真、认死理。"水至清则无鱼，人至察则无徒"，对人对事太钻牛角尖，就会看不惯身边的一切，心中容不下任何人，从而把自己孤立起来，这样非常不利于人际的和谐和自我的发展。

"理解是原谅之源"，生活中的很多事情，可大可小，可有可无，与人相处就要互相谅解，要经常以"人非圣贤，孰能无过"自勉。遇到难解的矛盾要善于求大同存小异，要练就一颗容人之心，这样在你的周围支持你的人才会越来越多，让你能够左右逢源，保证人生的平稳前进。

第八节　谦恭的力量

春秋时期，公子小白登上王位成为齐桓公后，为了感谢鲍叔牙，决定任用鲍叔牙为相，并下令捉拿并杀死管仲。鲍叔牙却推荐自己的好朋友管仲为相，自己情愿当副手。齐桓公很是想不通，但鲍叔牙却说："那时我与管仲都是各为其主，管仲在射您的时候，他心中只有公子纠。我们二人相比，管仲要强我千万倍。如果您想富国强兵，成就霸业，非得用管仲为相不可。您要是重用他，他将为您射得天下，哪里只射得衣钩呢？"于是，齐桓公便不计前嫌谦恭地拜管仲为相。管仲被拜为相后，心里万分感激，忠心效主，对内积极地推行一系列富国强兵之策，实行经济、政治、军事诸多方面的整顿改革，使齐国国力骤增；对外打着"尊王攘夷"的口号，组织齐、鲁等八国，讨伐不向周王进贡的蔡、楚两国；另一方面又帮助燕、卫等国反击少数民族的进攻，终于使齐国成为众诸侯国的领袖，齐国也由乱而治，称雄于诸侯，并使齐桓公成为春秋五霸之一。

齐桓公谦恭的性格使他得到管仲的辅佐外，他还礼贤下士，因此深得人心，为他的霸业奠定了坚实的基础。有一次为请教霸业之事，齐桓公去拜见小臣稷。他一日之内去稷那拜访了三次，都没能见到稷。跟随齐桓公的侍从们都不耐烦了，侍从们说道："尊敬的万乘之君，您去见这么一个小小的官吏，一天之内来了三趟都还没见到，就此作罢，别再去了吧。"齐桓公回答道："那怎么能行？蔑视权贵的臣子，固然会轻视他的主人；而蔑视霸业的主人，也会轻视他的臣子。纵然你蔑视权贵，我哪敢轻视霸业呢？"侍从们听后都暗自佩服齐桓公的宽阔胸襟和谦恭待士的高贵品格，都不再多说什么了。

于是，齐桓公在锲而不舍连续五次拜访后，最终见到了稷，虚心向他请教霸业的事情。稷得知齐桓公已五次来访的事后很受感动，与齐桓公促膝长谈。齐桓公受益匪浅。这件事很快就传为了佳话。大家都说："桓公都能礼贤下士，何愁国家不兴？"于是，众士归之。

有大才之士往往不会屈膝求人，居高位的人要向他请教，就要恭身以待，他才会因为感激而尽力相助。齐桓公身为一国之君主，为求教霸业之事，不计身份五次拜见布衣之士，不厌其烦，最终得见，足见其为实现称雄诸侯的千秋伟业的气魄，其礼贤下士、谦恭待士的大度性格也发挥得淋漓尽致。

事实上，在我们的生活中，一个人想有所成就，就必须塑造自己宽容大度的性格，学会尊重他人，包括朋友、学生、陌生人……这是一个简单浅显的道理。但是，一个看似简单的道理，也需要用心去好好感受：正是因为我们经常会觉得有些道理非常简单，而往往会忽视它，不去用心感受它，所以经常会伤害到别人，甚至会伤害到自己。在一本杂志上，有这样一个故事：

作者曾经到乡下的母校去听课。在中午吃饭的时候，他发现其中有一位老教师在喝完稀饭后，伸长了舌头，低下头，捧着碗"嗞嗞"有声地把碗底的残留稀饭舔得干干净净。如今的生活已经不是饿肚子的时代了，竟然还会有这样的老师。看到他这个样子，大家都禁不住笑了出来。那位老教师听到笑声，现出惊异的目光，且不由得红了脸，极为羞愧地走出了吃饭的地方。一个下午，作者都没有看见老教师的身影。

临走的时候，作者终于再一次看到了这位老教师。他连忙走过去对老教师说了一些比较委婉的道歉的话。老教师抬起头说："这是我几十年的坏习惯了。过去家里穷，吃不饱，经常要求家里的三个孩子这样做，我自己久而久之就形成了习惯，到现在还是改不掉，丢脸了。"听了老教师的话，作者深深地为中午的嘲笑感到惭愧。

面对别人的习惯，如果不是真正的领会，只是浅薄的嘲笑，这本身说明一个人对生活的理解是多么的浅薄和无知。在众人笑出声的时候，谁又会知道老教师的这个习惯是多么的令人尊敬！在生活中，最珍贵的礼物是尊重和理解。当一个人收到这个礼物时，就会感到幸福，他的自豪感就会得到增进。而馈赠这个礼物的人，也会感到同样的幸福和充实，因为他在尊重和理解他人的同时，自己的精神境界会变得更为崇高，他的人格会变得更为健全。

因此，内在的真善美才是有待于我们去发掘的宝藏。在很多人的生活习惯中，我们都可以看到蕴含在这些习惯中的每一个人的个性。当然，有一些不好的习惯，我们不会学习和效仿，但是我们没有理由去嘲弄和取笑。尊重别人就是尊重自己，而帮助别人也就是帮助自己。在这个广阔的世界上有足够的地方让自己生活，也让别人生活，大家大可和平相处。

作家楚布拉德说："如果一个人种下遮阴树的同时，明确知道自己绝不会在这些树下乘凉，那么他在发现人生意义方面就至少有了一个开端。"在生活中，我们每一个人都会拥有自己的生活习惯和思维方式，当然我们无法保证所有的思维和习惯都是对的，但是，当我们用谅解和尊重去面对别人的习惯时，不就是栽下了供人乘凉的大树了吗？对别人的生活习惯强加指责的人，就像肩负沉重的包袱，这只能使他变得苍老，步态蹒跚。当我们用广阔的心灵去包容别人的举止，用善良的心灵去感悟别人的行为，用宽容的胸襟去善待别人的言行，这样在尊重他人的时候，我们同时也将获得生命之中的种种美好。

第八章　正直守信是个人魅力的表现

英国诗人蒲柏说："正直的人是神创造的最高尚的作品。"古往今来，人们崇尚正直，歌颂正直，就在于正直的人能够除暴安良，扶弱济贫，见义勇为；正直的人坚持真理，修正错误，秉公办事；正直的人一身正气，嫉恶如仇，勇于同邪恶势力作不懈的斗争。人们性格中的正直、诚实和善良，虽然不是命运攸关的东西，但却是一个人品格的本质所在。一个人具有了这样的品质，将具有无限的魅力。

第一节　挺直腰杆做正直的人

正直，是中华民族最为崇尚的传统美德之一，历来为人们所称道和赞誉。

在我们的生活与工作中，正直也是每一个人都应该具备的优秀性格。这是因为，一个人有了正直的品格，对自己要求严格，不谋私，不贪利，不文过饰非，不隐瞒自己的观点，不偷奸耍滑；对他人不阿谀奉承，不溜须拍马，不阳奉阴违，不包庇坏人坏事；处理事情，敢于主持公道，伸张正义，抨击邪恶，不怕打击报复；做人真诚坦率，不管什么场合，都能诚实地对待自己，公正地对待朋友和同事。

实际上，在每一件有价值的事情中，都包含着正直的内涵。它所创造的人格魅力是巨大的，向往正直是人们的共同心理，人们对正直有一种近乎本能的识别能力，并且不可抗拒地被它所吸引。正直的品性总是为那些真正的睿智者和成功者所推崇。唐代的魏征就是具有典型的正直性格的代表人物，他以"敢于直谏、正直为人"著称，协助唐太宗开创了"贞观之治"的盛世。

一次，黄门官突然来向魏征宣诏，说是圣上有旨，要征集 16 到 18 岁、身强力壮的人入伍。魏征觉得天下初定，由于连年的战争和灾荒，百姓中壮丁已很少，这样突然的征兵，不利于国家的安全。当他了解到这是宰相封德彝的主意时，他说："封德彝无视国家现状，征兵的主意不合时宜。"他让传旨官告诉唐太宗，这种事不合法令，他难以听从命令。魏征公然抗旨不遵，吓得传旨官目瞪口呆，力劝他接旨，其他朝臣也为他捏一把汗。可魏征依然故我，泰然自若，竟反剪双手在大厅里踱起步来。这时，黄门官又传来第二道旨意，让魏征速派人征点壮丁入伍。魏征仍然坚决不接旨，黄门官好心提醒他，万岁要动脾气了。魏征却昂然回答："决不苟且从命。"传旨官无法，只得奉命叫他入宫见驾。唐太宗李世民认为魏征太固执，责问他："征点壮丁入伍有何不可？为什么屡抗朕命？"

封德彝在一旁添油加醋，火上浇油地说："君命也不执行，怎能治理国家？"

魏征大义凛然地反驳说："难道大律不是君命？大律也是陛下亲自颁发的，倘若连陛下也违反大律，朝令夕改，怎么能治理好国家！"

唐太宗非常生气地问道："朕何事违律乱章，又何事朝令夕改？"

魏征正色道："陛下八月即位时，曾下诏全国免征免调一年，百姓闻诏皆欣喜若狂，欢呼皇恩浩荡。可至今不到 4 个月，陛下就开始宣旨征兵，这怎能取信于民？按国家大律上规定，21～59 岁的男丁方可征调，封大人怎么知法违法，有辱君命？"

唐太宗听了很受启发，没再向魏征发脾气，下令停止征男丁入伍。全朝的文武官员对魏征这种忠心耿耿、刚正不阿、正直诚实的品格非常敬佩，唐太宗也很赞赏他的"忠谏"，将他比喻为检查自己得失的一面"镜子"。

可见，正直的品格是非常难能可贵的。一个人具有了这样的性格，对上不溜须拍马，对下能兼听则明，便能不受他人的迷惑，为人处世方能够把握住自己的方向，在变化莫测的时世中立于不败之地。

李陵是李广之孙，天汉二年主动请战，率军 5000 北击匈奴，直入敌军腹地，屡创敌军，捷报频传，但因孤军深入、后援不足而在稽山战败，武帝闻知十分恼怒，欲治其重罪。司马迁闻讯后，仗义执言，面陈李陵有

好性格是这样培养出来的

"国士之风"，为国家立了大功，虽身陷匈奴，终非己愿。武帝没有听进司马迁的话，大发雷霆，但司马迁仍然坚持讲公道话，结果被关进监狱，处以宫刑。但他仍痴心不改，继续奋笔疾书，如实记载。

仗义执言是一个人具有正义感的表现。为了伸张和主持正义，就要敢于仗义执言，说公道话。我们每一个人都应该做一个有正义感，有良知，讲真话，并敢于为他人讲公道话的人。那种明明看到不合理、不正常的现象也不讲真话的人，则失去了自己的人格。

然而，在我们的身边，有一些青年人明明知道为人正直品性的重要性，但是他们仍然不将事业的基础建立在正直的品性上，反而投机取巧，这种行为是非常可耻的。因此，在生活中，我们要坚持做一个正直的人，首先要了解在生活中怎样做人才是正直的：

1. 具有道德感，遵从于自己的良知

马丁·路德在他被判死刑的城市，对着他的敌人说："去做任何违背良知的事，既谈不上安全稳妥，也谈不上谨慎明智。我坚持自己的立场，上帝会帮助我，我不能做其他的选择。"

第二次世界大战期间，当美军正设法冲出敌人的包围时，一位美国陆军上校和他的吉普车中士司机拐错了弯，迎面遇上了一个德军的武装小分队。两个人跳出车外，都隐藏起来。中士躲在路边的灌木丛里，而上校则藏在路下的水沟中，德国人发现了中士并向他的方向开火。上校本来很不容易被发现的，然而，他却宁愿跳出来还击——用一把手枪对付几辆坦克和机关枪。上校被杀害了，中士被捕入狱。后来，中士出狱对人们讲述了这个故事。为什么这位上校要这样做呢？因为他的责任心要强于他对自己安全的关心，尽管没有任何人勉强他。

2. 坚持自己的信念

这一点包括有能力去坚持你认为是正确的东西，在需要的时候义无反顾，并能公开反对你确认是错误的东西。

在一所大医院的手术室里，一位年轻的护士第一次担当责任护士。"大夫，你只取出了 11 块纱布，"她对外科大夫说，"我们用的是 12 块。"

"我已经都取出来了，"医生断言道，"我们现在就开始缝合伤口。"

"不行!"护士抗议说，"我们用了 12 块!"

"由我负责好了!"外科大夫严厉地说,"缝合!"

"你不能这样做!"护士激动地喊道,"你要为病人想想!"

大夫微微一笑,举起他的手让护士看了看那第12块纱布:"你是合格的护士。"这位大夫实际上是在考验护士是否正直——而护士已经具备了这一点。

3. 严格要求自己

正直的人,通常都会严于律己,高标准地要求自己。

许多年前,一位作家在一次倒霉的投资中,损失了一大笔财产,趋于破产。他打算用他所赚取的每一分钱来还债。3年后,他仍在为此目标而不懈地努力。为了帮助他,一家报纸组织了一次募捐,许多要人都慷慨解囊,这是一个诱惑——接受这笔捐款将意味着结束这种折磨人的负债生活。然而,作家却拒绝了,他把那些钱退还给了捐助人。几个月之后,随着他的一本轰动一时的新书的问世,他偿清了所有剩余的债务。这位作家就是马克·吐温。

4. 培养自己的勇敢精神

正直使人具备了冒险的勇气和力量,他们欢迎生活的挑战,绝不会苟且偷安,畏缩不前。一个正直的人是有把握,并能相信自己的——因为他没有理由不信任自己。

5. 心地坦然

一位心理学家指出:"正直的人都是抗震的,他们似乎有一种内在的平静,使他们能够经受住挫折甚至是不公平的待遇。"

哈利·爱默森·福斯迪克曾讲过,亚伯拉罕·林肯在1858年参加参议院竞选活动时,他的朋友警告他不要发表演讲,但是林肯答道:"如果命里注定我会因为这次讲话而落选的话,那么就让我伴随着真理落选吧!"他是坦然的,他确实落选了,但是两年之后,他就任了美国总统。

另外,要做一个正直的人,还必须从多方面努力:

1. 加强自己的社会责任感

这就要求你逐步树立正确的人生观和世界观,明确自己为什么活着,应该为社会做出怎样的贡献。只有把自己的命运与集体、国家、社会的命运紧密结合起来,才具有了正直品德的思想基础。一个人若只关心私利,不关心他人和社会，是不会有正直可言的。一个人浑浑噩噩，糊里糊涂，也是不会有正直可言的。正直，反映着强烈的社会责任感。我国明代曾有一个进步的组织叫"东林党"，他们有一副对联写道：风声、雨声、读书声，声声入耳；国事、家事、天下事，事事关心。每一个有正直感的人都需要有这样的态度。

2. 全面提高自己的思想品德修养及辨别是非美丑的能力

正直，不是孤立的品格，它与一个人各方面的思想道德密切相关。一个不善良的人，谈不上正直，因为他没有同情心，就不会嫉恶如仇，也不会从善如流；一个不勇敢的人，也谈不上正直，因为他胆小怕事，就不会揭发批评坏人坏事，也不会热情地歌颂好人好事。因此，要使自己成为一代新人，必须自觉提高自己的道德修养，净化自己的灵魂；必须从各方面加强自己的思想品德修养，要多读书，多了解我国的历史，了解什么是中国人的传统道德；要认真从中华民族优秀的道德传统中汲取养料，使正直有一个整体的道德基础。俗话说，人只有"行得正，做得直"，才能直言不讳，坦诚无私。此外，还要向时代的英雄人物学习，因为每个时代都有自己的代表人物，而这些人物都集中体现了这个时代的社会道德精神。所以，要提高自己的认识水平和分辨能力，真正做到"心明眼亮"。

3. 学会实事求是地分析问题、有策略地发表意见

当发现了比较重大的需要揭发、批评的问题时，不要急于表态、盲目行事，应该做深入细致的调查研究，了解事情的来龙去脉，并做具体的分析，透过现象，抓住问题的实质，然后再采取行动。发表意见，也应根据问题的不同性质、情况，讲究策略，千万不能把"炮筒子脾气"当成正直的代名词。讲究策略，无损于正直的品格。如果发现了坏人坏事，则应当机立断，采取行动。

4. 经常反省，及时改正不足

任何优良道德品质的形成，都是有一个过程的，从开始有所认识，到真正成为自己的品德，需要经过反复认识、反复实践的过程，在这个过程中自我教育起着关键性的作用。即使一种品德在自己身上养成了，也不会一劳永逸，客观世界在发展变化，主观世界也在发展变化，自我教育永无止境。

第二节 公正无私赢得更多的尊重

正直性格的道德内涵是十分丰富的，它既是一种公正的道德意识，又是一种高尚的道德情感，也是一种纯正的思想作风和正当的道德行为。正直的实质是为公还是为私的问题，为公为正，为私为邪；秉公为直，偏私为恶。正直和邪恶永远是对立的。

一个有着正直性格的人，通常有正义感，办事公正无私，不受人事关系所左右，不会徇私枉法，所作所为都符合社会道德和良知的规范。

公正无私是每一个成功者都具有的性格。在我国历史上，那些具有公正无私品格的人，如屈原、司马迁、包拯、海瑞、林则徐、闻一多、李公朴……他们都在人们心目中留下了难忘的光辉形象，是人们学习的榜样。陈毅元帅写过一首颂扬公正品格的"明志"诗：

> 大雪压青松，
> 青松挺且直。
> 要知松高洁，
> 待到雪化时。

诗中所描写的青松，不屈服于恶劣环境的重压，永远高耸、挺拔，正是正直人品的生动写照。陈毅元帅一生襟怀坦荡，坚持正义，公正无私，直至晚年还与祸国殃民的"四人帮"进行面对面的斗争，是一位具有高尚正直品德的革命家。

"人的品格是世界上最伟大的一种力量"，在社会之中，每一个人应该感到，在自己的身上有一种富贵不能淫、威武不能屈的力量。这极其宝贵的力量就来自每一个人的良好性格，每个人都应不惜生命来保持自己正直无私的品格。公正无私天地宽。每一个有理想抱负的人，无论从事何种职业，不但要在自己的职业中做出成绩来，还要在自己的做事过程中体现出自己公正无私的性格。唯有如此，你的职业生涯和生活才会取得巨大的成功。

林肯做律师时，有人找林肯为诉讼中明显理亏的一方做辩护，林肯回答说："我不能做。如果我这样做了，那么出庭陈词时，我将不知不觉地高声说：'林肯，你是个说谎者，你是个说谎者。'"

林肯的美好名声为什么不会随着岁月的流逝而消失，而是与日俱增、妇孺皆知呢？这正是因为林肯于一生之中都保持着公正无私的品格，从来没有毁坏过自己的人格及名誉，从而凭借自己正直的优秀性格做出了轰轰烈烈的事业。而当一个人过着一种虚伪的生活，戴着假面具，做着不正当的职业时，他将受到自己内心的嘲笑，甚至会鄙弃自己。他的良心将不住地拷问他的灵魂："你是一个欺骗者，你不是一个正直的人。"这样下去，将会败坏一个人的优良品性，削弱一个人的人格力量，直至彻底葬送所有的自尊和自信。

可见，生存于世，每一个人都要做一个公正无私的人，其中特别重要的一点就是要坚持真理。亚里士多德曾说："吾爱吾师，吾尤爱真理。"真理是对客观事物及其规律的正确认识，它代表着社会的最大公正，因此在真理面前人人平等。也因为此，反动统治阶级和邪恶势力最惧怕真理，千方百计地迫害一切进步思想家和科学家。

意大利著名科学家布鲁诺，在年轻的时候就接受了哥白尼的关于"日心说"的科学认识，写出了短文《诺亚方舟》，揭露和讽刺上帝为中心的愚蠢说法，触怒了以教皇为首的反动宗教势力，被他们视为"异端"，罪状有130条之多。布鲁诺被迫流亡国外，在13年间足迹踏遍整个欧洲，勇敢地宣传科学真理。反动的宗教势力恨透了他，在他回国后竟残忍地判处他"火刑"。1600年2月17日这一天，布鲁诺被缚在高高的十字架上，脚下的烈火熊熊燃烧起来。教皇及其邪恶的一伙希望布鲁诺在这最后的时刻放弃自己的"可怕思想"。然而，布鲁诺喊出的是："火并不能把我征服，未来的世纪会了解我，知道我的价值的。"布鲁诺与反动宗教势力所作的斗争，实质上就是正直和邪恶之间的决斗。布鲁诺勇于追求真理、不畏强暴、视死如归的精神，为不同国度、不同信仰的人们所尊敬和传颂。

坚持真理，就要在任何时候都说真话，说老实话。当然，说真话并不是一件容易的事情，它需要勇气、真诚和坦荡。这就需要我们在生活与工作中，不断地去塑造培养，直到成为一个公正无私的人。

此外，坚持原则也是公正无私性格的一大特征。然而在封建社会里，原则、律令与皇权所引发的冲突可想而知。在通常情况下，秉性正直直率的人往往缺乏变通，容易导致败落失意。过于耿直，过于坚持原则，而不审时度势、察言观色，就必然会触动他人心中的痛处，造成彼此间的尴尬，这样的人很难在复杂的社会环境中生存。因此，我们说做一个公正无私、敢于坚持真理的人，也要懂得变通，这样才会让自己在复杂的社会中能够游刃有余地处世做人，让自己的事业有更长远的发展。

第三节　别丢掉骨气

有一位作家曾经说过：人的尊严是一种高度和一种质量，再不起眼的人有了这种高度和这种质量，就能面对权贵不卑不亢，面对不义之财不馋不贪，面对不公之事不忍不避。

一个有着正直品性的人，都非常看重自己的尊严。只有尊重自己的人，才会得到别人的尊重。

1995年的春天，珠海一家电子公司的韩国籍老板因为一件惹自己生气的小事，竟然无视中国工人的尊严，强迫所有的工人给他下跪。

这件事的起因是因为工人师傅们在繁重的劳作中破天荒地获得了10分钟的休息，因而高兴得忘记了老板定下的休息时排成4队离开车间的铁规矩。在老板的威吓下，工人们一个个地被迫跪下了。只有一位小伙子，始终铁骨铮铮地站着。老板面对这个不跪的中国工人，气急败坏地大吼："不跪就给我滚!"

这个小伙子无所畏惧，毅然转身大步走了出去。虽然他失业了，但他却用行动捍卫了自己的尊严。在他看来，尊严是无价的!

懂得尊重自己，是一种清醒，更是一种智慧。

做人不能没有尊严，有时尊严要高于生命。我们身处于强调自由的社会之中，每个人都希望得到他人的重视、尊重和认可。尊严是一个人生存的基础，是一个人的生命价值所在，在任何时候都不能放弃。一个人如果有了尊严，也就有了支撑生命灵魂的骨架；如果一个人丧失了尊严，那么这个人空有一副人的躯壳，犹如太阳没有了炽热的光芒，江河没有了豪迈的奔涌，失去了生命存在的意义。

1948年，朱自清的胃病越来越重。一天，朱自清正在家里躺着，吴晗来到他家，递给他一份抗议美国扶日政策并拒绝领取美援面粉的宣言书。朱自清看了，不说话，只是颤颤地提起笔，在宣言上签上了自己的名字。不到两个月，朱自清便逝世了。朱自清的胃病，是必须严格选择食品的，而那时候面粉是不可多得的好食品。如果他不签字，别人也能理解。但他还是签了。我们可以想像，朱自清不能忍受食用美国面粉的侮辱，却忍受了剧烈病痛的折磨，这种选择显示了他对自我尊严的维护。

社会是复杂的，它很容易让人失去本色，容易磨光一个人的棱角。只有站直了，虽外圆还能内方，才不至于成为见利忘义的庸人。我们无论在任何时候都应该挺起做人的脊梁。

孟子曾说过："求我所必求，为我所必为。当取则取，当舍则舍，如此而已。"意思是说，不要我所不能要的东西，不干我所不该干的事。仔细说来，我所不要的东西，既包括我们不该要的东西，也包括我们不必要的东西。不要不该要的东西，如来路不明的不义之财；也不要不必要的东西，如名不副实的空衔虚誉。不该要不必要的东西，如果要了，人就变成了外物的奴隶，本来受人驱遣被人役使的外物便转而控制了我们自己。干不可干的事，往往会损害别人，会被千夫所指，会受制裁。即使不受制裁，稍有良知，也会日不安夜不宁，问心有愧；即便良知全失，也免不了担惊受怕，饮食难安，夜不成寐。干不愿干的事，就必须勉强自己，甚至要强迫自己，无法尽心竭力，虽是举手之劳，也会觉得苦不堪言。正如罗曼·罗兰说过的这样一句名言："自私和怯懦的人常不快乐，因为他们即使保护了自己的利益和安全，却保护不了自己的品格和自信。"

晋代陶渊明从小就喜欢读书，不想求官。家里十分贫困，常常揭不开锅，但他还是照样读书做诗，自得其乐。后来陶渊明家境变得更加贫寒，靠自己耕种田地根本就无法养活一家老小。亲戚朋友于是劝他出去谋一官半职，他无可奈何只好答应了。当地官府听说陶渊明是名将陶侃的后代，又有文才，就推荐他在大将刘裕手下做个参军。但是没过多少时日，陶渊明就看出当时的官员、将领互相倾轧，心里十分烦恼，提出到地方上去做官，上司就把他派到彭泽当县令。

当时做个县令，官俸并不高，加上陶渊明既不做搜刮百姓，又不愿贪污受贿，日子过得还是不富裕。但是比起他在乡里的穷日子，却要好得多。他觉得留在一个小县城里，没有什么官场应酬，也算比较自在。

有一天，郡里派了一名督邮到彭泽检查工作。县里的小吏听到这个消息，连忙跑来向陶渊明报告。当时陶渊明正在他的内室里捻着胡子吟诗，一听到来了督邮，万分扫兴，但是又没办法，只好勉强放下诗卷，准备跟小吏一起去见督邮。小吏一看他身上穿的还是便服，吃了一惊说："督邮来了，您该换上官服，束上带子去拜见才好，怎么能随随便便穿着便服去呢！"

陶渊明本来就看不惯那些依官仗势作威作福的督邮，一听小吏说还要穿起官服行拜见礼，便叹了口气说："我可不愿为了这五斗米官俸，去向那督邮打躬作揖。"他也懒得见督邮，索性把身上的印绶解下来交给小吏，辞职不干了。陶渊明回到老家以后，觉得整个社会混乱的局势跟自己的志趣、理想相差太远了。从那以后，他就隐居起来，过着逍遥自在的日子，闲着就写诗歌、文章，来寄托自己的心情。

踏寻着前人的足迹，我们为他们的气节而折服，被他们的精神所感动。一股正气，可贯长虹，不虚饰，不苟且，不贪恋荣华富贵，不惧怕权势强力，不以全身而偷生，不为五斗米而折腰，这就是气节；知正道而持行不息，守本性而遗世独立，行侠仗义，依理遵道，这就是操守。

做人要有傲骨，要看重自己的尊严，要挺起自己的脊梁。一个人的尊严，除了需要他人的尊重与维护外，最需要的是自己用坚定的信念及风骨甚至以生命来维护和捍卫。只有你懂得尊重自己，拥有独立的人格，别人才会尊重你；只要我们能够挺起做人的脊梁，那么即使贫穷、孤独，内心也依然会有一份追求与和谐。

第四节 永远要以诚待人

正直是和真诚联系在一起的。荀子说过："君子养心莫善于诚。"有人把真诚看作是美好心灵的核心，认为抓住它就可以引出许多美德来。美学原理也告诉我们：美的基础是真。罗丹也说："美只有一种，即显出真实的美。"

传说古希腊国王米达斯用点金术将满园鲜花变成金花，送给心爱的女

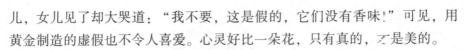

儿，女儿见了却大哭道："我不要，这是假的，它们没有香味！"可见，用黄金制造的虚假也不令人喜爱。心灵好比一朵花，只有真的，才是美的。

在人际交往中，真诚是建立友谊的基本前提。真诚，才易使他人放心，赢得信任，别人才有可能和你推心置腹，愿意接近你。虚伪的人，靠欺诈、狡猾过日子，虽然有时也能取得暂时的效果，但一旦被揭穿就臭不可闻。

可见，做人应当禁绝圆滑、浮夸、虚伪等卑劣性格，而做到坦荡真诚，光明磊落，净如水，洁如冰，心品如一。

真诚是一个人走向人生顶峰时所自然呈现的坦诚，是一种坚韧的力量。

真诚的人，平静而坦白，认为一切虚伪的东西都不重要，甚至可憎。

真诚的人，常常谈笑从容，他们的眼睛和口气使你无法怀疑话语的真实。他们可以坦诚地谈论自己的出身、处境和对事情的看法，使你感到所谓荣辱进退、尊卑显隐之间，有一个大的道理的存在。掌握这一道理的人敢以真面目示人，这样的人让人感到踏实牢靠。

真诚的人比诡诈的人更放松，因而更有智力。他们没羁绊，不设防，也不需要借助更多的辞令、表情、身世来解释自己。

齐白石70多岁的时候，对人说："我才知道，自己不会画画。"人们齐声称赞老人的谦逊，老画家说："我真的不会画画。"人们会越发称赞，当然没有人相信他说的话。齐白石从古人与造化中看出自己能力的微薄，是接近真理时的谦逊。

巴金也曾经说过："在我不会写作……"闻者惊诧不已，巴金不会写谁还会写呢？牛顿也说过："在宇宙的秘密面前，我只是个在海边拾拣贝壳的儿童。"

爱因斯坦被推举担任以色列首届总统，被谢辞。他说："我只适合从事与物理学相关的一些工作。"

这些成功者的坦诚，以往都被当作谦逊的美德加以赞扬。其实，真正的谜底是在于他们的坦诚、真实。

我国著名翻译家傅雷在给自己儿子的信中说："一个人只要真诚，总能打动人的；即使人家一时不了解，日后仍会了解的……我一生做事，总是第一要坦白，第二要坦白，第三还是坦白。绕圈子，躲躲闪闪，反而叫人疑心；你要手段，倒不如光明正大，实话实说，只要态度诚恳、谦卑、恭敬，无论如何，人家都不会讨厌你、排斥你。即使是和一个爱弄手段的人打交道，如果你永远以自己的本来面目对付他，他便不会用手段对付你，倒反看重你的。"

这段话是傅雷丰富生活经验的结晶。它告诉我们，做一个正直的人的一定之规就是要真诚，无论大事小事，无论对待何人，都应该完全真诚。这不是为了讨好，不是为了取得谅解，也不是为了把问题搞清楚，而仅仅是因为应该这样做人。即使在不便直说的特殊场合下，也不要编造哪怕是小小的谎言，不必担心遭人误解。一个真诚的人最终是会使人折服的。

我们每个人，会遇到各种各样的人，他们中有与自己合得来的，也有合不来的。虽然我们有权利选择和什么样的人来往，甚至可以尽量不和自己性格不合的人交往，但是这绝不是一个英明的选择。因为无论在任何时候，我们都生活在一个集体之中，这就注定必须和这样那样的人相处，因此，我们只有积极主动去努力适应对方的性格特点，真诚地对待身边的每一个人，才能建立起良好的人际关系。

一个生气的男孩想向他妈妈大喊他恨她，又害怕受到惩罚，就跑出家，来到山腰上对着山谷大喊："我恨你！我恨你！我恨你！"山谷传来回应："我恨你！我恨你！我恨你！"男孩吃了一惊，跑回家去告诉他妈妈说，在山谷里有个可恶的小男孩对他说恨他。于是他妈妈就把他带回山腰上并让他喊："我爱你！我爱你！"男孩按照妈妈说的做了，这回他发现有个可爱的小男孩在山谷里对他喊："我爱你！我爱你！"

事实上，生活中与人交往就像山谷回声，你付出什么，就得到什么；你耕种什么，就收获什么。你真诚对待他人，你同样也会收获来自他人的真诚，你甚至会赢得更多的东西。

一个具有真诚直率性格的人，通常都会真诚待人，因此也总能十分轻松地获得他人的信任。俗话说，善有善报。只要真诚待人，必然会得到应有的回报。在人际交往之中，当你对他人表现出发自内心的真诚时，其产生的力量甚至于要胜过其他任何一切对他的帮助。为了建立起良好的人际关系，在日常交往中，应做到真诚第一。

但在当今的社会中，人们有一种普遍的心理：不信任任何人。造成这种心理的原因之一，就是生活中"不能以真诚率直的性格示人"的人太多了。不能以真诚率直的性格示人的人，毫无疑问，就是表面上对你百依百顺，而实际上则总是喜欢在背后对你指指点点；表面上说得天花乱坠，而内心则绝非如此；嘴里说一套，而背后却做一套……凡此种种，试想一下，如果你长期生活在这些人当中，吃过几次亏之后，不论是多么真诚直率的人，也都会增强自己对别人的戒备之心的。最终，你就会感到身边的每一个人的言行都是不可信的。长此以往，你将会成为不能以真诚率直的性格示人的人，因此应尽量远离这种人。

总之，对别人不真诚，将会使你失去许多宝贵的东西，在人际交往中，在生活中，在工作中，都将无法立足。因此，做人就要做一个真诚的人，一个正直的人。

第五节　诚信是做人的原则

诚信是经商之本，人品重于商品。在销售过程中，商家既是在销售产品，也是在推销自己。在产品同质化日益严重的今天，企业、商家能否被客户接受，对其业绩有着重大的影响；而商家能否为客户所接受，关键要看能否取得客户的信任。

对于商家来说，客户之所以购买你的产品，70%的客户是因为他们喜欢你、信任你和尊敬你。客户的信任以及日后交易的成功，往往都是建立在推销员对待客户诚信的基础之上。商业上的往来是合作的关系，合作中涉及到彼此的利益，这种合作必须建立在诚信的基础上才会有保障。每个客户都有一双犀利的眼睛，他们在密切地注视商家的一举一动是否足够真诚，以使自己放心与之合作。如果商家能够用诚信获得客户的信任与认可，实际上销售就已经成功了一半；如果不能够取得客户的信任，无论所销售的产品多么优质，客户也不可能购买。

实际上，取得客户的信任其实并不难，当商家在销售过程中展示出自己的良好信誉，并始终注重诚信，守信用，注意做好每件小事，就往往能够赢得客户的心。只要用心地体察客户的需求，并采取行动满足客户的需求，做好自己的服务，每一个商家实际上都可以在自己的销售领域有所作为。

诚信是销售之本，是赢得客户信任的关键。作为经商者，在与客户合作的过程中如果丢掉了诚信，损失的将是声望及客户对你的信赖。也有可能你从此在销售领域无法开展你的生意，从而就将失去市场，失去客户，失去赢利的可能性。这是因为，你背弃了诚信，让客户蒙受了损失，这样就丧失了客户对你的信任感。

世界上最伟大的推销员乔·吉拉德强调："我坚信，如果你在销售工作中与客户以诚相见，那么，你的成功会容易得多，迅速得多，并且会经久不衰。"因此，为了你的声誉，千万不要去做有损客户利益的事情，因为客户会把你所做的事情告诉给身边的每一个人，而其他人又会转告给身边的人。这样，你失去一桩生意并不意味着你只失去了一位客户，而是失去了大量潜在的生意。

诚实守信所赢得的名誉与口碑，是世界上最好的广告，美国很多大商行、大公司的名字和品牌就价值数百万美元。商业社会中，最大的危险就是不诚实，欺骗客户。在经济萧条时，很多人往往更喜欢利用投机取巧的方法去欺骗顾客，不讲真话或是把当说的真话秘而不宣。但他们却忽略了这样的做法会带来怎样的后果，虽然暂时可以获利，但一个商人的人格和信用也会就此损坏。实际上，用欺骗的方法来进行商业往来或与他人进行交往，最终往往是得不偿失的，只有诚实守信才是最好的策略。

在美国国内的众多商行中，很少有长达450年历史的。美国的大多数商店，都如昙花一现，这些商店在开业时通过大肆欺骗的方式吸引了许多顾客的注意，固然繁荣一时，但是因为他们的繁荣是建立在不诚实和欺骗的基础上，不久后这些商店便关门大吉了。他们只知道从欺骗顾客中获得了好处，不知道到了后来，他们的欺骗手段终将为顾客所发觉，于是这许多商店营业日趋清淡，业务逐渐萎缩，结果竟致歇业破产。

同样，与一个欺骗他人、没有信用的人相比，一个诚实而有信用的人的力量要大得多。一个把自己的言行建立在诚实基础上的人，外表看来也享有荣誉，他本人也有自信，而且对自己的行动更有把握。而如果一个人的声誉损坏了，是很难有什么方法再去弥补的。每一个在商业上取得成功的人，无不是一个诚实守信的人。

李嘉诚诚信经商55年，创造了一个又一个奇迹：

从1952年开设塑胶厂开始，20世纪50年代成为"塑胶花大王"；60年代末投资地产，成为投资大亨；80年代初进军货柜码头，后又收购海外石油公司；80 年代末进入电讯行业。李嘉诚由此积累了巨额的财富，更为重要的是，他还拥有一笔"在资产负债表中见不到但价值无限的资产"，那就是他个人及其企业的良好信誉。

李嘉诚的成功，靠的不是旁门左道，而是"赋予企业生命，在商业秩序模糊的地带力求建立正直诚实的良心"。李嘉诚曾望着商学院的学员一字一句地说："企业本身虽然要为股东谋取利益，但仍然应该坚持'正直'。'正直'是企业的固定文化，也可以被视作经营的一项成本，但它绝对是企业长远发展的最好根基。一个有使命感的企业家，应该坚持走一条正途。"

这就是李嘉诚在商业上的成功之路——力求建立正直诚实的良心，坚持诚信走正途，创造个人及企业的良好信誉。信誉贵比千金。诚实守信是每一个企业、商家及个人都应该大力去坚持的。唯有如此，才能赢得客户的信任，建立起长期往来的商业合作关系，为企业创造利润。

第九章　冷静不冲动

苏格兰诗人罗·彭斯说："谨慎和自制是智慧的源泉。"在每一位成功者的身上，都能看到谨慎冷静、处变不惊的性格特征，这种性格往往表现在对一些复杂的"突发事件"和"非规范问题"的机智处理上。在我们的日常生活与工作中，从人际交往到邻里关系，从微妙的外事活动安排到举足轻重的经济谈判，都需要一个人具有沉着冷静的谨慎性格，这样才能让自己始终处于一个和谐、安全而又易于发展的环境之中，拥有令人赞叹的美好人生。

第一节　稳健行事不盲目

古语云："小心驶得万年船。"的确，为人处世，凡事都不可操之过急，一步一步脚踏实地，这才是通向成功的有效途径。这是因为，成功往往更青睐于那些踏踏实实、稳扎稳打做事的人。

微软主席比尔·盖茨就是一个稳中求胜的人。比尔·盖茨曾经一直想拥有一个自己的电脑公司，但在最初技术和资金等资源短缺的情况下，他就踏踏实实地在父亲朋友的电脑公司工作，直到他积蓄了一定的资金和具备了一定的能力之后，才和几个朋友共同投资创办了一家小小的电脑公司，直到取得今日的成就。

一次盲目冒险很可能将一个人打入谷底，使穷其一生而取得的成就荡然无存。如果等到什么都失去了，才后悔当初不应该如此冒失地下决定，那也将于事无补。所以，为了不浪费自己的心血，避免造成终生的遗憾，

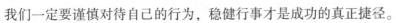

我们一定要谨慎对待自己的行为，稳健行事才是成功的真正捷径。

1955年，香港船王包玉刚成立了环球航运公司，花了337万美元，买了一艘已经使用了27年的旧货船，开始了经营船队的生涯。

当时世界航运界通常按照船只航行里程计算租金的单程包租方法，世界经济又处于兴旺时期，单程运费收入高，一条油轮跑一趟中东可赚500万美元。

包玉刚却不为暂时的高利润所动，他坚持一开始就采取租金低、合同期长的稳定经营方针，避免投机性业务。这在经济兴旺时期不免被认为是"愚蠢之举"。

许多同行都劝包玉刚不要犯傻，改跑单程，包玉刚却不为所动，因为他明白，靠高额运费收入的再投资根本不可能迅速扩充船队，要迅速发展必须依靠银行的低息长期贷款。而要取得这种贷款，必须使银行确信你的事业有前途，有长期可靠的利润。于是他把买到的第一条船以很低的租金长期租给一家信誉良好、财务可靠的租船户，然后凭这一长期租船合同向银行申请长期低息贷款。

凭借谨慎稳健的经营原则，包玉刚只用了20年时间，就发展成为拥有总吨位居世界之首的远洋船队，登上世界船王的宝座。究其成功原因，就在于他坚持稳健行事的好性格。

如今，由于生活节奏加快，面对层出不穷、令人目不暇接的商品大潮，及身边亲戚朋友的迅速致富，导致人们的心态出现了重大变化，变得急功近利；盲目投资只为追求短期效应而不顾长远影响，只顾追求眼前利益而不顾长远。实际上，这种行为，是目光短浅、缺乏行事谨慎稳健的表现。如果一个人只看到眼前的境况，盲目跟风，就一定会遭遇挫折。在这方面，华人首富李嘉诚用自己的成功经历做出了很好的榜样。

长期以来，在李嘉诚的生意经中，"谨慎稳健"已经融入他的性格之中。李嘉诚在做生意时始终坚持"进取中不忘稳健，稳健中不忘进取"的投资宗旨，虽然业界将其归为"长期投资者中的保守派"。

他曾说过："作为一个庞大企业集团的领导人，你一定要在企业内部打下坚实的基础，未攻之前，一定要守，每一策略实施之前，都必须做到这一点。当我们着手进攻的时候，我要确定有超过百分之一百的能力。换句话说，即使我本来有一百的力量便足以成事，但我要储足二百的力量才去攻，而不是随便赌一赌。"

李嘉诚的一生是成功的一生，他的做事与经商经验都是值得我们借鉴的。在我们的生活中，做生意需要谨慎小心，为人处世也是如此，都需要一个从经营到发展的过程，还要提防时时存在的潜在风险，切不可急功近利。否则，很可能白白浪费物力、人力，丢失大好的成功机会，甚至是赔上一生的成就。

第二节　做事要考虑周全

在生活中，人们的行动通常比较容易受情绪、成见或其他非分析性做法的影响，而无法使自己冷静下来，这些情绪上的波动都是不具备冷静谨慎性格的表现，往往会促使人做出失去理智的事情，发生令自己后悔的行为。

古人云："凡事三思而后行。"人生如同下棋，每走一步都需要审慎的思考和斟酌，否则很可能出现一着不慎、全盘皆输的惨局。因此，对于每一个人来说，做任何事情前，都要先了解自己要做什么或认清事实的真相后，再去做或者再采取相应的措施来解决，千万不可鲁莽、仓促。

有位妇女向专家诉说她的丈夫似乎有不忠的行为。她不知自己该对丈夫采取攻击的行动，还是应该携儿女回娘家去。

"是什么让你怀疑到他有不忠的行为？"专家问道。

"是他的行为方式。"妇女回答道，"他一向是个很好相处的人，现在却变得脾气暴躁，凡事挑剔。他时常工作到很晚才回家，并表示由于太累，不能陪我到任何地方去。这些都是芝麻绿豆的小事，但多了也会让人受不了。他甚至忘了我们的结婚纪念日，完全不像他以前的样子了！"听起来的确是有问题，但专家仍然要她在采取任何激烈的行动之前，再多找些事实来印证。

专家建议她做的第一件事，便是去找她丈夫的医师谈谈，并劝自己的丈夫好好检查一下身体。此外，也要看看他的工作是否有什么问题。

结果是第一个建议有了效果。医师发现她丈夫急需动一项手术。动了手术之后，她的丈夫便恢复了正常，而这位太太也完全消除了自己的疑心。

好性格是这样培养出来的

上文中的妇女在专家的建议下，没有采取草率的行动，从而弄清了事实的真相。实际上，在通常情况下，人们会受到自己非理性情绪的影响，发生不理智的行为，这就是由于其没有养成沉着冷静的性格，凡事不能够三思而后行。如果一个人总是受自己做事草率的性格的支配，那么，最后必会因缺乏思考而造成不良的后果。

美国著名成功学家戴尔·卡耐基先生曾访问过哥伦比亚大学的院长赫伯·郝克先生。在访问过程中，卡耐基特别提到郝克院长的书桌是多么整洁——因为像他这么一个大忙人，桌上通常会堆满许多资料或文件。

"要处理这么多学生的问题，你一定要随时签阅一些文件。"卡耐基先生说道，"但是，你看起来十分冷静，一点都显不出焦虑的样子。请问，你是如何做到这一点的？"

郝克院长回答道："我的方法是这样的——假如我必须在某一天作某一项决定，通常我都会事先收集好各种相关资料，并认定自己是'离事实最近的人'。我并不浪费宝贵的时间去设想该如何作决定，只是尽可能去研究与问题有关的所有资料。等我研究完毕，正确的决定便自然而然的产生出来，因为这都是根据事实而来的。听起来十分简单，是吗？"

沉着冷静，凡事三思而后行的性格，对于每个人来说，在处理工作时也同样重要。

在全世界 IBM 管理人员的桌上，都摆着一块金属板，上面写着"Think"（想）。这个字的创意，是 IBM 创始人沃森想出来的。有一天，寒风刺骨，阴雨霏霏，沃森一大早就主持了一项销售会议。会议一直进行到下午，气氛沉闷，无人发言，大家逐渐显得焦躁不安。突然，沃森在黑板上写了一个很大的"Think"，然后对大家说："我们的共同缺点是，没有对每一个问题都给予充分的思考，别忘了，我们都是靠脑筋赚得薪水的。"从此，"Think"成为了沃森和公司的座右铭。

如果一个人在工作过程中，不能在做事之前进行认真思考，便会导致许多问题的产生。虽然在许多情况之下，立即行动是必要的，但凡成大事者都懂得对具体问题进行"诊断"之后再行定度。

在我们身边，有的人也许会认为"办事之前先仔细思考"或"投资之前先仔细研究"是一种做事犹犹豫豫的表现。试想，如果一个医生在急救病人的时候，没有事先把病况弄清楚就进行处理，结果极有可能使病人的病症恶化或带来更大的不幸。时常给自己一个忠告：凡事都要三思而行。让理性给自己把关，才能把错误与不幸拒之门外。

在西班牙的某城有一个商人，一个偶然的机缘，一个智者送给他一个忠告："当你生气的时候，事情没有考虑成熟，就不要蛮干；不了解事实的真相，千万不要动怒。"商人一直把忠告铭刻在心。

有一次，商人让怀孕的妻子留在家中，自己到外地经商去了。因为途中突变，一连二十年都没有回家乡。妻子由于一直没有得到丈夫的消息，以为他亡命他乡了，感到万分悲痛。于是，她在儿子身上倾注了自己全部的爱。

终于有一天，已经发了财的商人，拍卖了他的全部商品，回家来了。他没有让任何人知道他回来了，而是直接来到自己的家，并闪身躲进一个难以被人察觉的地方观察屋里的动静。

黄昏时候，儿子回来了，妈妈亲切地问道："亲爱的，告诉我，你从哪儿回来的？"

商人听到自己的妻子这么亲切地对那个年轻人说话，不由心里产生了一种恨意，恨不得当场杀了他们。但是他突然想起智者给自己的忠告，于是压住怒火继续观察。

天黑后，屋里的两个人在桌旁坐下用餐。商人看到这一情景，又不禁怒火中烧。但那个忠告又在耳边响起，于是他再一次克制了自己。

晚餐后，熄灯前，屋里的母亲哭泣着对儿子说："唉！儿呀，听说有一条船刚刚从你爸爸最后一次去的地方来。明儿一早，你就去打听一下，或许还能打听到你爸爸的消息。"

听到这番话，商人不由想起，他离家的时候，妻子已经怀孕了，原来那个年轻人，就是自己的儿子。

由于商人的冷静与克制，才没有做出令人扼腕痛惜的事情。可见，一个人无论做什么事都要三思而后行，否则就会出现不堪设想的后果。当你觉得自己的判断并不十分准确时，宁可稍待些时日，多多考虑斟酌一番，也切勿草率从事。在你等待的时日中，也切勿忧虑伤感。你所应该做的第一件事，就是多搜集一些可帮助你做决定的实际材料，多参考些先例。你所搜集和参考的资料愈多，你的决定也会愈正确。等到你对于那个问题完全了解，对于"决定"的后果也有了充分的把握之后，那你不妨立刻加以决定，因为这时你的确已无所顾忌了。这就是说：决定的快慢，必须依实际的情况而定，切勿在事实还未弄明白之前，便急躁不安，草率行事。

美国著名的化学家李托，有一次若不是他在决定行动之前等待了一会儿，几乎就会铸下一个大错。

他说："当我独立经营了几年化学工厂之后，有一次，忽然赔了一大笔钱，几乎使我多年来辛勤经营所得完全付诸东流。当时我真是懊丧万分，寝食俱废。我竟认为经营这桩事是永无希望了，准备仍旧去做一个职员，因为当时刚好有许多薪水还不错的职位，可以任我去选择。

"于是我在当天下午，就开始动手结束我几年来辛苦经营的公司，我把许多平日视为一刻不能分离的东西，都一一束诸高阁……

"但是，凑巧就在这时，从前我曾经服务过的一家公司的经理来拜访我。我不等他问我，就把自己的烦恼告诉了他。他听了似乎有些不解，却从怀里摸出表来，看了看说：'现在已是晚餐的时刻了，让我们吃了晚饭再谈这事吧！'

"他把我领到他所创办的俱乐部里，随便点了几样美味可口的菜肴，两人在席间东谈西扯，吃得十分高兴。当时，我的烦恼也因而逃得无影无踪了。

"后来那位经理问起我刚才究竟有些什么烦恼。'没有什么，'我说，'那不过是我一时的感情冲动罢了。'

"晚餐归来后，我极舒服地睡了一晚。第二天醒来，立刻觉得神清气爽，精神振作了不少。想起昨天自己一场无谓的胡闹，反而觉得十分好笑。从那天起我决定仍旧从事我的工作，永不因为任何阻力而放弃。

"同时，这次的事也给了我一个极宝贵的经验：就是一个人当他的精神受了刺激，或感到饥饿、疲乏等种种不适时，千万不要决定任何事情。因为那时你至少已经失去了一半的判断力，如果你草率决定，事后你一定会觉得悔不当初。"

对于我们来说，每个人都应将"凡事三思而后行"这一原则贯穿于自己的生活和工作之中，作为自己行动的指导，养成沉着冷静的处事性格。这样才能够对事情作出正确判断，从而距离自己的人生目标越来越近。

好性格是这样培养出来的

第三节　做事要耐心

俗话说，"欲速则不达"。凡成大事者，都力戒"浮躁"二字。这是因为，一个人只有耐心等待时机，踏踏实实地行动，才可能开创成功的人生局面。急躁只会使人失去清醒的头脑，不能按照正确地方针、策略稳步前进；还会变得粗鲁无礼、固执己见，而使其他人感觉难以相处，这种行为是有害无益的。

因此，任何一个想要成大事的人，都要摒弃自己浮躁的个性，培养自己冷静沉稳的好性格；求人办事时，也需忍耐，步步为营，不能心急。当一个人有了足够的耐心时，才能用冷静的头脑去分析事物，等待时机成熟再行事，从而最终达成自己的目标。

春秋战国时代，秦国大举兴兵围攻赵国的都城邯郸，赵公子平原君多次写信给魏王及魏公子信陵君，请求魏国援救。魏王慑于秦国的威胁，名义上是援救赵国，实际上是执行两面政策，按兵不动等待观望形势的变化。

当魏公子信陵君接到赵国的求救信时感到非常忧虑，但无论他采取什么办法游说，都无法说服魏王。信陵君此时真像热锅上的蚂蚁一样昏了头，他把自己手下的宾客集中起来，凑集了百余辆车马，想奔赴秦国，与平原君联合抗秦决一死战。

临行时经过夷门，见到了信陵君最器重的宾客——看门人侯嬴，侯嬴听了信陵君的慷慨陈词后非但不加鼓励，反而冷淡地说："公子您自勉吧，老臣不能随您一同去了。"

信陵君走出数里，心中很不是滋味，心想我对侯嬴的待遇可算得上周到了，如今我将要去送死，他凭什么连一言半句送行的话都没有呢？信陵君越想越气，就叫宾客停下来等他，他又驾车返回去找侯嬴。

信陵君回来的时候，侯嬴正站在门口等他，笑着说："臣本来就知道公子会返回来的呀！"

侯嬴评价信陵君带宾客赴死的举动说："公子喜爱士人，名闻天下。如今遇到难处，就想带着宾客奔秦军，这就如同把肥肉投给老虎，你本想达到救援赵国的目的，这下子可就什么功劳也没有了！"

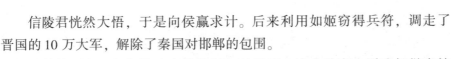

信陵君恍然大悟，于是向侯嬴求计。后来利用如姬窃得兵符，调走了晋国的10万大军，解除了秦国对邯郸的包围。

这就是历史上有名的"窃符救赵"的故事。这个故事告诉我们做事情"欲速则不达"的道理。人在情势危急的时候，往往采取一些下策去应对，以为会奏效，但结果却恰恰相反。

秦牧在《画蛋·练功》一文中讲道："必须打好基础，才能建造房子。"这个道理很浅显，若什么都只是浅尝辄止，不肯钻研，打好基础，却又想马上取得成效，是不可能的。古代有个叫养由基的人精于射箭，且有百步穿杨的本领，据说连动物都知晓他的本领。一次，两个猴子抱着柱子，爬上爬下，玩得很开心。楚王张弓搭箭要去射它们，猴子毫不慌张，还对人做鬼脸，仍旧蹦跳自如。这时，养由基走过来，接过了楚王的弓箭。于是，猴子便哭叫着抱在一块，害怕得发起抖来。

有一个人很仰慕养由基的射术，决心要拜养由基为师，经几次三番的请求，养由基终于同意了。被收为徒后，养由基交给他一根很细的针，要他放在离眼睛几米远的地方，整天盯着看针眼。看了两三天，这个学生有点疑惑，问老师说："我是来学射箭的，老师为什么要我干这莫名其妙的事，什么时候教我学射术呀？"养由基说："这就是在学射术，你继续看吧。"这个学生开始还好，能坚持下去，可过了几天，他便有些烦了。他心想，我是来学射术的，看针眼能看出什么来呢？这个老师不会是敷衍我吧？

后来，养由基又教他练臂力的办法，让他一天到晚在掌上平端一块石头，伸直手臂。这样做很苦，那个徒弟又想不通了，他想，我只学他的射术，他让我端这石头做什么？于是很不服气，不愿再练。养由基看他不行，就由他去了。后来这个人又跟别的老师学艺，最终也没有学到射术，空走了很多地方。

其实，如果能够跟随养由基脚踏实地学射箭，不好高骛远，甘于从一点一滴做起，他的射术肯定将会有很大的进步。对于生活于现代社会中的我们来说，也同样如此。在日常生活中，很多人常常具有好高骛远、贪抄捷径的心理。许多年轻人不满意现实的工作，羡慕那些富翁或高级白领人员，不安心本职工作，总是想跳槽。其实，那些人大多看似风光，但其中为了成功所付出的艰苦拼搏也非一般人所能承受。没有十分的本领，就不应做此妄想。我们还是应该脚踏实地，做好基础工作，一步一个脚印地走上成功之途。

此外，人生在世，谁都会有不顺心的时候，也有逆境的时候，这也是促使自己身心成熟，准备宏图大展的机会。说到底，这对于我们来说，最关键的是要沉稳地等待时机，不急不躁，就像《菜根谭》中所讲的那样："伏久者飞必高，开先者谢独早，如此，可以免蹭蹬之忧，可以消躁急之念。"这其中的意思是：长久潜伏林中的鸟，一旦展翅高飞，必然一飞冲天；迫不及待绽开的花朵，必然早早凋谢了。了解了这其中的道理，你就会知道凡事都需要沉稳，对待逆境要能忍别人所不能忍，只有保持这种冷静、处变不惊的性格，你才会顺利地走完人生这段漫长的旅程。

第四节　用冷静化解危机

在我们的生活中，有些人一面对危难之事时，就开始抓耳挠腮，狂躁发怒；有些人则临危不乱，性格沉着冷静，理智地应对危机。这就是成功者与失败者的性格界限。这是因为一个人只有具备了冷静的性格，才能遇事不乱，稳中取胜，而狂躁的性格则常能使人毁于一旦。

一位空军飞行员说："二次大战期间，我独自担任 F6 泼妇型战斗机的驾驶。头一次任务是轰炸、扫射东京湾。从航空母舰起飞后，一直保持高空飞行，然后再俯冲至目的地 300 英尺上空执行任务。然而，正当我以雷霆万钧的姿态俯冲时，飞机左翼被敌军击中，顿时翻转过来，并急速下坠。我发现海洋竟然在我的头顶。你知道是什么东西救我一命的吗？那是在我接受训练期间，教官一再叮咛，在紧急状况中要沉着应付，切勿轻举妄动。因此，在飞机下坠时，我就只记得这句话，然后我什么机器都没有乱动，只是静静地想，静静地等候把飞机飞起来的最佳时机和位置。最后，我果然幸运地脱险了。假如我当时顺着本能的求生反应，未待最佳时机就胡乱操作的话，必定会使飞机更快下坠而葬身大海。"他强调说，"一直到现在，我还记得教官那句话：不要轻举妄动而自乱脚步，要冷静地思考，抓住最佳的反应时机。"

通过上面的例子我们可以看出，冷静思考使飞行员在紧急的情况中转危为安，化险为夷。可见，在我们的生活和工作中，一定要让自己养成冷静沉着的好性格。在任何紧要关头，妄想和碰运气都起不了作用，唯一有效的就是思考。只有通过思考抓住那唯一的求生机会，我们才能转危为安，化险为夷。

保持冷静头脑，不仅有助于我们克服急躁性格的弱点，并且还有助于将急躁"冷却"下去，变得冷静。在通常状况下，大部分人都能控制自己的性格，也能做出正确的决定。用于克服和阻止急躁性格的方法是保持冷静的头脑，以充分的自信心，坚持自己合理的想法去克服各种难题。

一天，卓别林带着一大笔款子，骑车去乡间别墅。半路上突然遇到一个持枪抢劫的强盗，强盗用枪顶着他，逼他交出钱来。

卓别林满口答应，接着又恳求他："朋友，请帮个小忙，在我的帽子上打两枪，我回去好向主人交代。"强盗摘下卓别林的帽子打了两枪，卓别林又说："谢谢，不过请在我的衣襟上打两个洞吧。"强盗不耐烦地扯起卓别林的衣襟打了几枪。卓别林鞠了一躬，央求道："太感谢您了，干脆劳驾将我的裤脚打几枪，这样就更逼真了，主人不会不相信的。"

强盗一边骂着，一边对着卓别林的裤脚连扣了几下扳机，也不见枪响，原来子弹打完了。卓别林赶忙拿上钱袋，跳上车子飞也似的骑走了。

正是具有了冷静的性格，才使卓别林在面对突发性的事件时，能够克服自己的心理紧张，充分发挥自己随机应变的能力，使自己于危难中脱身。

而对于任何一个人来说也同样如此，只有具备了遇事沉着冷静的好性格，才能够在关键时刻始终保持清醒的头脑和清晰的思路，从而做出正确的判断，在激烈的竞争中拥有自己的一席之地，取得人生的成功。

第五节　时刻保持冷静与沉稳

老子曾说："良贾深藏若虚，君子盛德，容貌若愚。"意即善于做生意的商人，总是隐藏其宝货，不让人轻易看见；而君子的品质高尚，表面看起来却显得愚笨。其深意是告诫人们要收敛自己，这是对自己最好的保护。一个人不应该将他心境里的宁静寄托在外面的事物上，应当尽可能地把主宰权握在自己手中，不容许自己轻易出现大喜大悲的极端感情。

当然，喜怒哀乐是人的最基本情绪，没有喜怒哀乐的人并不存在，具有沉稳内敛性格的人只是不把喜怒哀乐表现在脸上罢了。而在人性中，这一点是很重要的。喜怒不形于色的人，也就是沉稳内敛的内隐型的人，平时做人比较深沉，做事不动声色，处变不惊，比较圆通，能屈能伸，通常能够成大事。

大凡身居高位的人，凡事都能容忍，不会动辄发怒，比较善于隐藏自己的情感，因而常使自己立于不败之地。东晋时期的大政治家、书法家谢安，就以做事从容不迫、处变不惊、喜怒不形于色的雅量和沉稳著称。

东晋宁康元年（373年），简文帝司马昱死后孝武帝司马曜刚刚即位，早就觊觎皇位的大司马桓温，便调兵遣将，炫耀武力，想趁此机会夺取皇位。他率兵进驻新亭，而新亭就在京城建康的近郊，地近江滨，依山为城垒，是军事及交通重地。桓温大兵抵达新亭，自然引起朝廷恐慌。

当时朝廷的重望寄托在吏部尚书谢安和侍中王坦之二人。而王坦之本来就对桓温心存胆怯，因为他曾经阻止过桓温篡权。现在，桓温带兵前来，京城朝野议论纷纷，认为桓温此行，不是要废黜幼主，就是要诛杀王、谢二人。王坦之听了这些议论，变得心惊肉跳、坐立不安。

谢安则不同，他听了众人的议论，不以为然，神色表情一如平常。实际上，谢安曾经应聘做过桓温的司马，桓温那时任征西大将军，十分了解他的才干，明白谢安才是他篡权的最大障碍。果不出所料，桓温此来确是想借机杀掉王坦之和谢安。不久，他便派人传话，要王坦之和谢安两人去新亭见他。

当时，京城内人心惶惶。王坦之非常害怕，问谢安怎么办。谢安神情坦然地说："晋祚存亡，在此一行。"王坦之硬着头皮与谢安一起出城来到桓温营帐，紧张得汗流浃背，衣衫都湿了，手中的朝板也拿颠倒了。谢安却从容不迫地就座，然后神色自若地对桓温说："我只听说有道的诸侯设守在四方，而明公何必在幕后埋伏士卒呢？"桓温只得尴尬地下令撤了埋伏。由于谢安的机智和镇定，桓温始终没敢对二人下手，不久就退回了姑孰。迫在眉睫的危机，就这样被谢安从容化解了。

同年三月，桓温得了重病，抱憾而死。桓温死后，谢安被任命为尚书仆射兼吏部尚书，执掌朝政。谢安采取有效措施使内部安定之后，又把注意力转向对付来自北方的威胁。当时，前秦在苻坚的治理下日益强盛，东晋军队在与前秦的交战中屡遭败绩。谢安派自己的弟弟谢石、侄子谢玄率军征讨，接连取得胜利。又命谢玄训练出战斗力很强的北府兵，为抗击前秦作好了准备。太元八年（383），苻坚率领着号称百万的大军南下，志在吞灭东晋，统一天下。军情危急，建康一片惊恐。而谢安依然是那样镇定自若，以征讨大都督的身份负责军事，并派了谢石、谢玄、谢琰和桓伊等人率兵八万前去抵御。桓冲担心建康的安危，愿派精锐三千前来协助保卫京师，被谢安拒绝了。谢玄心中忐忑，临行前向谢安询问对策，谢安只回答了一句："我已经安排好了。"便绝口不谈军事。谢玄心中还是没底，又让张玄去打听。谢安仍然闭口不谈军事，却拖着他下围棋。张玄的棋艺本来远在谢安之上，但此时兵临国境，张玄沉不住气。谢安则神气安然，结果张玄输在谢安的手里。

当晋军在淝水之战中大败前秦的捷报送到时，谢安正在与客人下棋。他看完捷报，便放在座位旁，不动声色地继续下棋。客人憋不住问他，谢安淡淡地说："没什么，孩子们已经打败敌人了。"直到下完了棋，客人告辞以后，谢安才抑制不住心头的喜悦，舞跃入室，把木屐底上的屐齿都碰断了。

纵观古今，谢安可以说是沉稳性格的典型代表人物。他在不动声色中挫败了桓温，屡安晋室，又以八万之众破前秦近百万大军后，在人前仍喜怒不形于色，彰显了他沉稳内敛处世之风。这难道不是一种更高明的策略吗？我们处于复杂的人际社会之中，如果做人做事过于明显地表露自己的情感，则显得为人肤浅，也容易得罪于人，不利于人际关系的和谐发展。同时，人们也最容易在喜怒哀乐的明显表现中暴露自己的弱点，为他人所利用。这是由于，在人性丛林里，人为了生存会采取各种方法和行动来结纳力量，分享利益，打击对手。而任何人，只要在社会上锻炼过一段时间，便多多少少练就了察言观色的本领，他们会根据你的喜怒哀乐来调整与你相处的方式，进而顺着你的喜怒哀乐来为自己谋取利益。可是谋取利益的另一面，有时却是最大的伤害。就算不是伤害，在不知不觉中，你的意志也受到了别人的控制。比如一听到别人奉承就面有喜色的人，有心者便会以奉承来接近他，向他提要求，甚至向他进行软性的索取；又如一听到某类言语或一碰到某种类型的人就容易愤怒的人，有心者便会故意制造这样的言语，指使这种类型的人来激怒对方，让对方在盛怒之下丧失理性，迷乱智慧，失去风度；再如一听到某类悲惨的事，或听到有人遭到什么委屈，就哀感满胸，甚至伤心落泪的人，有心者了解他们内心的脆弱面，便会以种种手段来博取对方的同情心，或是故意打击对方情感的脆弱处，以达到目的；一个易因某事就"乐不可支"的人，有心者便可能提供可"乐"之事，来迷惑对方，以实现其意图。

所以，每一个想有所成就的人，都应培养自己凡事沉稳应对的性格特质，懂得掩饰自己的真性情而不过多地暴露出来。

在我们的生活中，有些人喜欢平淡从容，有些人喜欢锋芒毕露、张扬个性。通常情况下，那些踏踏实实的人很容易与人共处，而锋芒毕露的人则没有什么太好的人缘。很多时候，我们面对的不一定是大是大非的原则问题，没必要针锋相对。很多人由于年轻气盛，爱出风头而处处碰壁，或因锋芒太露而遭人嫉妒，最后还是一事无成。对于每一个人来说，养成沉稳内敛、喜怒不形于色的性格，与人相处时善于掩盖自己的锋芒，让别人有表现自己的机会，不但没有任何损失，还会获得他人的好感，形成和谐的人际氛围，还能减少许多麻烦，避免惹祸上身，实在是一举两得的事情。

此外，控制自己的情绪也是使自己的喜怒不形于色的方法。虽然我们的情绪和稳定的性格有很大的关系，但并不是不可改变的。只要我们常常提醒自己注意克制，就完全可能让自己远离情绪的漩涡，保持谨慎冷静的好性格，从而得当地处理日常事务和人际关系。

第十章 热情爽朗为明天护航

泰戈尔说："热情，这是鼓满船帆的风。风有时会把船帆吹断；但没有风，帆船就不能航行。"热情是一种可贵的精神特质，它深深地根植于人的内心，能够唤起一个人内心深处神奇的力量，让人散发出一种炽热的光芒，那就是吸引人和感染人的魅力。热情的性格也是一个人人生中最大的财富和力量之一。一个极富热情的人，所散发的"热量"足以使僵化的人际坚冰消融，能让更多的人注意到自己，并愿意与自己接触。

第一节 热情是迈向成功的动力

成功学家拿破仑·希尔说："热情是一种意识状态，能够鼓舞及激励一个人对前进中的困难采取有力的行动；而且热情的性格所产生出的力量不仅如此，它还能使你具有巨大的人格魅力。"

在我们的生活中，具有热情型性格的人，通常会塑造出坚韧的个性，树立不达目标誓不休的决心，补充精力上的不足，从而激发出自己生命中无限的能量。如果一个人对这种能量能够善加利用，将会使自己充满向上的力量和无穷的斗志，成就一生的辉煌。而那些原本可以取得出色成绩的人，却平庸度过一生，就是因为他们从没有在意识和灵魂的深处，用热情去激发自己的潜能。

爱德华·亚皮尔顿是一位物理学家，发明了雷达和电报，获得过诺贝尔奖。《时代》杂志曾经引用过他的一句话："我认为，一个人若想在科学研究上取得成就，热情的态度远比专门知识更重要。"

的确，如果缺乏热情，即使是具有雄才伟略的统帅也无法使军队产生巨大的战斗力，即使是才华洋溢的音乐家也不会创造出震撼人心的音乐；即使是天异禀赋的建筑师也不会建造出流芳百世的宫殿。失去热情的人，任何事物也无法激发他们对生活的热爱和兴趣，终日伴随他的只是内心深处的孤寂、凄凉和空虚。一个失去热情、对一切人和事物都采取漠视和冷淡态度的人，是一个心理上不健康的人。因为，他们看不到生活中真、善、美的本质，他们看不到生命中的希望和曙光，他们也不能寻觅到挚友和知音。这无疑是一种可悲的自我摧残和自我埋葬。对于任何一个人来说，如果你总是没有热情，那么你就会在生活中不时地受到怯懦、自卑或恐惧的袭击，甚至被这些不正常的心理所击倒。

性格心理学家皮鲁克斯在《性格解析六大要略》一书说："冷漠性格是导致失败的重要因素，你对事物所投入的热情越高，事情就会愈显得容易。"

人活一世数十载，如果不甘于平凡，就要让自己时刻怀抱热情，让热情引发体内能量的核裂变，你会发现，你也可以创造生命的奇迹：无论身处何种险境，面对何种压力，命运遭到何种重创，你都会用热情性格带给你的巨大力量，把它们一一战胜。每一个想要实现自我人生价值的人，都应当让热情之火燃烧你冷漠的心，不管你所处的环境是多么的恶劣，也不管你的担子有多么重，凡事都应热情地去做，发挥出你蕴藏于体内的能量，这股力量可以立即改变你的人生。

此外，我们身边有很多人因为害怕被别人认为感情用事，所以不敢将自己的热情表现出来，结果也因此失去了很多朋友与友谊。其实，如果你能够真诚坦率地展示你心中的热情，他人一定会感受到你的真诚，你便会为他人所接受，从而有利于你的人际关系的和谐。

热情是一股强大的力量，它能够让人产生信心，在面对逆境、失败和挫折时，都能够勇敢面对，大胆行动。但千万别把你的热情用错了方向，例如热衷于赌博等不良嗜好。你可以做一些消遣活动，像钓鱼或读些益智书籍。但是如果你把所有的热情都用来消遣，你将不再有多余的热情去实现你的明确目标，而且你很快就会连做一些消遣活动的能量都没有了。

培养、展现和分享热情，是成功学上性格原则的完美表现。当你以热情完成你的工作时，就是更进一步地表明，你已在你的周围创造出成功的意识，而这种成功意识无可避免地会对他人造成更好的影响。你在这个世界上付出的热情愈多，就愈能得到你想得到的东西，并因热情所激发的潜能，使自己向成功逐渐迈进。因此，你可以按照以下几点去培养自己热情的性格：

1. 培养热情的习惯

热情是一种习惯。萧伯纳说："我们对小的烦恼、挫折、牢骚、不满、懊悔、不安的反应，在很大程度上纯粹出于习惯。"根据"积行成习，积习成性"的原理，从行为入手培养热情的习惯，进而养成热情的性格，这是比较有效的策略。那么，当你情绪不高的时候，一定要让自己试图高兴起来，愉快地看看四周，使自己的言行好像已经愉快起来。只要你模仿热情的表情，就可激发大脑皮层产生相应的脑电波。久而久之，就会形成条件反射，自己越来越自然地感到愉快，愿意对他人表现热情。

2. 学会积极的思维方式，学会调节认知

热情，一方面取决于客观实际，一方面则取决于认知、思维方式。如果你觉得不幸福，就会感到不幸，自然热情不起来；相反，只要心里想要热情，绝大部分人都能如愿以偿。很多时候，热情并不取决于你是谁，你在哪儿，你在干什么，而取决于你当时的想法。如果你掌握了积极的思维方法，那么人生万事万物都能够引发你的热情。

3. 培养对事业的热爱，对工作的乐趣

歌德说："如果工作是一种乐趣，人生就是天堂！"如果我们对工作、对事业高度热爱，就不仅能喜爱自己有兴趣的事，而且能喜爱自己不得不做的事，等于一辈子都生活在幸福的天堂中。一家报纸曾举办一次有奖征答活动，题目是："在这个世界上谁最有热情？"获奖的答案是：正从事着自己喜爱的工作的人，是最有热情的。可见，对工作有兴趣，就可以培养热情；事业成功了，可以激发人们付出更多的热情。因此，我们追求事业成功，就是热情的一种体现。

第二节　主动赞美他人

在我们的生活中，随着生活节奏加快，人与人之间的沟通变得越来越少，人们往往忽视了应热诚主动地对他人进行欣赏和赞扬。实际上，没有任何东西比热诚主动的关注和赞扬更能让人心情愉悦、感到快乐了。

在一个可怕的暴雨和雷电交加的夜晚，当蒸汽渡轮"埃乐金淑女号"撞上一艘满载木材的货轮并沉没之后，船上393名乘客全部掉入密歇根湖水之中，他们拼命挣扎着等待求援。

一位名叫史宾塞的年轻大学生奋勇跳入冰冷的湖水中，一次又一次救出溺水的人。当他从几乎能把人冻僵的湖水中救出第17个人之后，终因筋疲力尽而虚脱，再也无法站起来。从此之后，他在轮椅上度过了自己的余生。

多年后，一家报纸采访时问到那晚之后最难忘的是什么，史宾塞的回答是："17个人当中，后来没有一个人回来向我说声'谢谢'。"

奋力救人而把自己的余生放进轮椅的青年，所要的仅是一声"谢谢"，然而现实却让他失望了。美国职业学说家罗伯特说："地球上有30亿人在每晚睡觉前渴望得到一句肯定和鼓励的话，却不能如愿得到。"实际上，人性中最根深蒂固的本性是想得到赞赏与肯定。因此，每个人都应发挥性格中热诚的一面，把心中的鼓励与感谢说出来。也许因为你的一句话，就会有一个人不用伴着破碎的心和受伤的灵魂入睡。

人人都喜欢被赞美。美国哲学家约翰·杜威也说："人类最深刻的冲力是做个重要的人物，因为重要的人物能时常得到别人的赞美。"赞美能满足他人的自我，如果你能以诚挚的敬意和真心实意的赞扬满足一个人的自我，那么任何一个人都可能会变得更令人愉快，更通情达理，更乐于协力合作。美国的一位学者这样提醒人们：努力去发现你能对别人加以夸奖的极小事情，寻找你与之交往的那些人的优点及那些你能够赞美的地方，要形成一种每天至少五次真诚地赞美别人的习惯，这样，你与别人的关系将会变得更加和睦。

如果几句主动热诚的赞美之词就能给他人带来这样的满足和愉快，我们何乐而不为呢？在你每天去到的任何地方，不妨多说几句对别人感激赞赏的话，在别人内心深处种下一些愉悦人心的"小火花"。你将无法想像，这些小小的火花如何点燃起友谊的火焰，而当你下次再去到那个地方的时候，这友谊的火焰将会照亮你的内心。

马斯洛在1943年出版的《人类激励理论》一书中，首次提出需求层次理论，认为自尊和自我实现是一个人较高层次的需求．它一般表现为荣誉感和成就感；而荣誉和成就的取得，还须得到社会的认可。赞扬的作用，就在于能把他人需要的荣誉感和成就感，拱手相送到对方手里。

当对方的行为得到你真心实意的赞许时，对方看到的，是别人对自己努力的认同和肯定，从而使自己渴望别人赞许的动机在荣誉感和成就感接踵而来时得到满足，从而在心理上得到强化和鼓舞，养精蓄锐，更有力地发挥自身的主观作用，驱使自己向目标出击。

对于推销员来说，尤其要掌握赞美的技巧，发挥热诚的性格特质，这样才会为自己带来无数的朋友和客户，优秀的推销员都非常懂得运用这一门艺术去做好自己的推销工作。

世界最伟大的推销员乔·吉拉德，在一次拜访中，发现女主人十分疼爱家里养的小狗，于是他便对这些小狗大加赞美，说这种狗的毛色纯洁、有光泽、黑眼睛、黑鼻尖，是最名贵的一种。这位夫人与丈夫已结婚10年却一直没有孩子，为了弥补这一缺憾，她养了这几只小狗，对它们百般疼爱，当听到乔·吉拉德夸奖自己最为宠爱的小狗时，感到非常高兴，于是对乔·吉拉德产生了好感，很快便答应让乔·吉拉德星期天来和自己的丈夫面谈。到了约定的时间，乔·吉拉德在拜访时又对男主人进行了一番赞叹，令男主人也不忍拒绝他的推销，于是很痛快地买下了乔·吉拉德所推销的那辆车。

实际上，无论是谁，对待赞美之词都不会不开心。但在赞美他人的过程中需要注意的是，一定要有诚恳的态度。只有态度诚恳，他人才会对你的赞美感兴趣，你才能收到理想的效果。如果你的赞美之词毫无诚意，他人就会从你的语气态度中听出来，反而会感到你虚伪，那么这样的赞美还是不说为妙。

第三节　一份好激情

激情，是所有伟大成就形成过程中最具有活力的因素。它是一种精神，更是一种性格。激情是工作的动力，一个人如果没有激情，就不能把工作做好，更谈不上敬业。

没有一个人事业上的成功是一蹴而就的，没有谁可以一步登天。恰恰相反，所有事业有成的人，哪怕在经历一连串的失败之后依然满怀激情地努力拼搏，最终建立了人生一个又一个的里程碑。

克里曼特·斯通于1902年5月4日出生于美国芝加哥贫民区。

童年时，他的父亲便离开了人世。由于生活困难，斯通靠卖报赚钱维持生计。

斯通的母亲是位很有修养的美国妇女，她省吃俭用，把积攒的钱投资于底特律的一家小保险公司，后来干脆成了这家小公司的保险推销员。

年少的斯通深受母亲的影响，在初中升高中的那年夏天，他开始利用假期为保险公司推销保单。当他按照母亲的指点，来到一栋办公楼前时，他不禁犹豫了。进还是不进呢？在大楼前徘徊了一会儿，他感到有一点害怕，他想打退堂鼓了。

这时，他的脑海里出现了当年卖报时的情景，斯通站在那栋楼前，一面发抖，一面默默地对自己说："当你尝试去做一件对自己只有益处而无任何伤害的事时，就应该勇敢一些，而且应该立刻行动。"

他毅然走进了大楼，他想："如果我被踢出来，我会像当年卖报纸时那样，再一次壮着胆进去，决不退缩。"就这样，他进行了他保险生涯的第一次拜访。

第一天的推销，他还发现了一个秘诀，那就是当他从一间办公室出来时。马上冲进下一间办公室，这样，由于时间上不给自己犹豫的空间，从而可以有效地克服自己的畏惧感，避免了时间的浪费。

最后，通过自己的努力，斯通争取到两位客户。对斯通而言，这是人生旅程的一座新的里程碑。

斯通20岁时，创办了一家保险代理公司，取名为"联合保险代理公司"。公司刚开张时，就只有他一个工作人员。开张营业的第一天，居然有50多位客户投保。联合公司的信誉慢慢地受到当地人的认可和好评，有一天，他居然推销出120多份保单，令人难以置信。

斯通36岁时，已成为百万富翁，他创办的公司后来成了美国混合保险公司。截止到1990年，公司的营业总额达2.13亿美元，共拥有5000位保险推销员。

斯通一生都从事推销，既推销保险，也推销信念和成功的方法。他与人合作出版《以积极的精神态度获得成功》一书，发行 25 万册。1962 年，他又出版畅销书《永不失败的成功之道》。后来，他买下霍斯恩出版公司。

斯通身兼三职，即美国混合保险公司的董事长，阿波特公司的董事，霍斯恩公司的董事长。

他成了美国最富有的人之一。在 20 世纪六七十年代，就拥有 4 亿美元的资产。

斯通对于自己的成功，曾这样评价："遭遇困境时，保持乐观向上的态度，等待时机东山再起。推销的成功取决于你对工作的热情。"

可见，积极的人生观、开朗热情的性格有助于激发出一个人鞭策自己、鼓励自己的内动力，从而加强了自身优势的建立，使自己在面对逆境时，或身处困难之中，都能无所畏惧地大踏步前进，成为自己人生的主宰者。因此，带着你的激情去工作，多一份对待工作的热忱，结果就会使你最大限度地发挥你的天赋。

美国著名成功学家卡耐基说："一个人成功的因素很多，而居于这些因素之首的就是热忱。没有它，不论你有什么能力，都发挥不出来。"可以说，没有满腔的激情与热忱，一个人的工作就很难维持和继续深入下去。

比尔·盖茨在被问及他心目中的最佳员工是什么样时，他强调了这样一句话："一个优秀的员工应该对自己的工作充满热忱，当他对顾客介绍本公司的产品时，应该有一种传教士传道般的狂热。"

很多人都会有这样的疑问：带着激情与热忱去工作，效率会大有不同吗？答案是肯定的，就是这看起来似乎微不足道的一点点热情，会让你的工作大不一样。如果你在工作上多加一点热忱，你的士气就会高涨，而你与同伴的合作就会更加顺利。要取得突出成就，你必须学会不断地释放你对工作的热忱，你会得到意想不到的收获。

著名成功学家拿破仑·希尔说："要想获得这个世界上的最大奖赏。你必须拥有过去最伟大的开拓者所拥有的将梦想转化为全部有价值的献身热忱，以此来发展和销售自己的才能。"在工作中，大到对工作、公司的态度，小到你正在完成的工作，甚至是接听一个电话、整理一份报表，只要能充分显示你的激情与热忱，你将会把工作做得更完美。

世界著名人寿保险推销员，美国"百万圆桌"的会员之一的法兰克·派特，正是凭借着热忱，才创造出了一个又一个奇迹。

派特，原本是职业棒球选手。他时常在心底告诉自己：我要成为英格兰最具热忱的球员。

在比赛时，每当他一上场，就好像全身带电一样，强力地击出高质量的球，使接球的人双手都麻木了。即使是气温高达 37.8℃，随时都可能中暑昏倒的时候，他也依然在球场上奔来跑去。

这种热忱所带来的成果让他吃惊，因为他对比赛具有十足的热情，他的球技出乎意料地发挥得很好。同时，由于他的热忱，其他的队员也跟着变得热情起来，大家合力打出了那个赛季最好的成绩。

后来由于手臂受伤，派特不得不放弃打棒球。他改了行，到了菲特列人寿保险公司当保险推销员。他把自己的这种热忱持续下去，很快他就成了人寿保险界的大红人，后来更被美国"百万圆桌"协会邀请加入成为会员。

对待工作的激情与热忱，实在是一个人难能可贵的品质。然而，我们身边的很多人正是缺乏了这样的品质，才导致人生的平庸与失败。有人做过一项调查：在实际的工作中，有81%的人视工作为苦役，对工作缺乏热忱，迫不及待地想要摆脱工作的桎梏，剩下的19%的人也并不是都喜欢自己的工作，大多数还是抱着一种无所谓的态度；只有很少的2%左右的人，是真心的为工作付出全部热忱，而这很少的一部分人正是那些公司里的骨干。

实际上，只要你在工作上再比别人多一点激情与热忱，你就能比别人收获更多。法兰克·派特说："我从事推销30年了，见到过许多人，由于他们对工作保持着极高的热忱，他们的收效成倍地增加；我也见过另一些人，由于缺乏热忱而走投无路。我深信热忱的态度和热情的性格，是成功推销的最重要因素。"

总之，具有热情开朗的性格，充满激情地工作，是每个人事业的成功保证。凭借热忱，我们可以释放出潜在的巨大能量，补充潜力，塑造出一种坚强的个性；凭借热忱，我们可以把枯燥乏味的工作变得生动有趣，使自己充满活力，培养自己对事业的热切追求。因此，每一个人都要让自己积极热情起来，让激情与热忱引领你的事业走向新的高度。

第四节　用乐观的心态面对现实

美国著名成功学家卡耐基认为，如果你的性格乐观，你的生活必然充满快乐；如果你心存悲观，你就会感到事事悲惨；如果你觉得恐惧，就会感到鬼魅在身旁窥伺；如果你老觉得身体不舒服，就真的会得病；如果你认为事情不能成功，则必定失败；如果你陷于自怜状态，必定会被亲友疏离。所以，当我们被恶劣的情绪困扰的时候，我们不要怨天尤人，而是要尽快地调整我们的情绪，调整我们的心态。

张海迪，就是一个具有乐观豁达性格的女孩，在她坎坷的人生中，凭借这一性格优势，她实现了自己的人生价值，赢得了他人的尊敬。

1960 年，5 岁的张海迪患了脊髓血管瘤，10 岁前动过三次大手术，第二胸椎以下失去知觉，是严重高位截瘫。

就是这样一个残疾人，不但以常人难以想像的乐观精神顽强地与病魔作斗争，而且以超人的意志自修了小学、中学课程，自学了英语、日语、德语和世界语，翻译了近 20 万字的外文著作和资料；她还自学医学，学会了针灸，为病人看病。1983 年，在调到山东聊城的文联创作室以后，她开始从事文学创作，有多本散文集出版，其长篇小说《轮椅上的梦》还在日本、韩国出版。1993 年，她获得了吉林大学的哲学硕士学位，1994 年获全国奋发文明进步图书奖长篇小说一等奖。一般人在残疾以后，往往心灰意冷，放弃进取，在抱怨老天不公的埋怨心理的支配下，愤愤然地消沉度过一生。但张海迪却能在许多人都忍受不了的打击面前，积极乐观向上，其人格的力量令人肃然起敬。

张海迪说："病魔把我变成了残废，我偏不屈服，干脆就和病魔作对！"人一旦进入这种状态，斗志就被激发出来。

读书时，张海迪为了减轻脊椎的压力，用双肘支撑身体，时间一长，不仅双肘磨出了老茧，桌子也磨出了两个大坑。她就是这样不屈不挠地学习知识，在学习中获得快乐的心情。

1973 年，张海迪全家从农村回到莘县县城。这时，她发现自己的病历上写着"脊椎胸段五节，髓液变性，神经阻断，手术无效"。痛苦骤然间向她袭来，刚刚 18 岁的张海迪一时承受不了这样的打击，一个傻傻的念头产生了，她不想再活下去了。

在许多人的劝说下，她恢复了内心的平静。可是紧接着，她感到自己的精神无法振奋起来，精力不能集中，心中空虚，无所事事。这样的状态在持续了一段时间以后，有一天，她突然感悟到，不能再这样下去，不能再这样空耗生命。于是，她开始分析自己，为什么陷入了这样的状态？聪明的张海迪很快想到，是自己失去了生活的目标。过去，自己念小学、中学，与病魔斗，目标十分明确，但自从看到病历卡后，思想受了刺激，就放纵了自己，把目标丢失了。如果找到目标，就还能重新激发生命的潜能。

懂得了这个道理，张海迪开始为自己确定目标。18 岁的张海迪这时想到的是怎样使自己能够工作。她想，自己残疾，学医，学针灸，是可以工作的。于是，她给自己确定了学医的目标。她读了大量的医学专著，如《针灸学》《人体解剖学》《生理学》《内科学》《外科学总论》《实用儿科学》和《临床医药手册》等，还做了大量的动物解剖实验，她的精神又充实了起来，快乐又回到她的心间。学成以后，"张氏医寓"的牌子被挂了出来，她那十几平方米的卧室成了诊疗室。

后来，张海迪深有感触地说，只有在工作和劳动中，才能体验到世界的美妙和宽广，才能找到人生精神的支撑点，才能获得精神上的最大满足与快乐。

对于接连而至的打击，张海迪虽然有过轻生的念头，但最终都挺过来了，并且"苦中作乐"，活出了生命的真色彩。事实证明，只要豁达乐观，就没有承受不了的压力，也就没有克服不了的人生难题。

萧乾在《未带地图的旅人》一书中说："面对人生，我们别无选择，只有选择乐观。"生活中有阳光，也难免会遇到痛苦的事情，甚至会遭遇灾难，就不可避免地会遇到种种消极情绪的困扰。具有热情开朗性格的人，通常都非常乐观，对现实的态度通常是冷静的、客观的、主动的。他们不会否认事实，而是能够看到现实中不利的因素，并且知道自己的弱点和优势。他们对于自己树立的目标总是信心百倍，并付出所有的精力来追求目标。一般而言，人生中的许多事情是我们能够做到的，只是我们不能发现自己性格中的优点，对自己能否做到，没有足够的信心。其实当我们一旦发现了自己的长处，只要善加发挥并坚持不懈，胜利就会来得早一些。

乐观在人际交往中所发挥的作用同样不容轻视。乐观的人，对身边的人的看法同样是积极的、信任的，因而乐于同别人交朋友，在人群中大都有较好的人缘。乐观的人具有一种巨大的感召力，能使他们身边聚集起一大批有志之士。生活中人们喜欢聚集在乐观的人身边，他们昂扬的斗志、乐观的个性、永不止息的精神，会鼓舞、引领着每一个人向前走，到达自己的梦想之地。因而乐观的人人缘很好，无论什么时候，身边总有很多同他们一样志向远大的人们在帮助他、激励他，从而更快地达成自己的目标。

同时，乐观的人是最无私的人，他们不仅努力实现自己的理想，还尽力鼓励、帮助他人走向成功。乐观的人善于处理各种复杂的人际关系，不管对方是什么个性的人，他们总能看到别人的长处，设法发挥别人的长处，让别人体会到自身的价值，从而努力为他们工作。即使是悲观低沉的人，经常同乐观的人在一起，也会因受他们乐观个性的感染和持续不断地鼓舞，而获得力量和灵感，从而改变个性，也成为一个乐观积极、奋发向上的人。

乐观能使人幸福、健康，容易取得成功。相反，悲观则常导致绝望、病态乃至失败，悲观常常和沮丧、孤独联在一起。因而心理学家人为："要是能引导人们塑造乐观积极的性格及思想，就能预防这些精神疾病。"拿癌症患者为例，思想乐观者在面对死神的威胁时仍能镇定自若，充满信心和勇气，康复情况往往要比其他患者好。这是因为，乐观通达的性格能令患者减少不必要的恶性病变，减少或消除复发的可能性；而悲观、忧郁和消极的性格，将极大地削弱人体内的自然免疫功能，造成恶性循环，使患者钻牛角尖，悲观厌世，破罐子破摔，根本谈不上珍重自己，也承受不起任何生活上的考验。

总之，拥有乐观开朗的性格，能够使你的人生更加顺畅，生活更加幸福美满。因此，每个人都应保持乐观的心境和性格，对人生充满信心，发挥自己的力量，在人生的拼搏中收获一个乐观的人生。

第五节 坦然面对不测的事情

天有不测风云，人有旦夕祸福，生命之舟始终沉浮不定。我们要笑看人生沉浮："沉"时，志气不能丢；"浮"时，骨气不动摇。一个人拥有开朗乐观的性格与心态，从容淡定地应对人生的沉浮，便能使自己的每一天都过得开心愉快。

很久以前，有一个屡屡失意的年轻人来到寺院，慕名拜访老僧释圆大师。"人生总不如意，苟且活着，有什么意思？"年轻人沮丧地对释圆大师说道。

释圆大师静静听完年轻人的叹息，随后吩咐小和尚说："这位施主远道而来，烧一壶温水送过来。"过了一会儿，小和尚送来了温水，释圆大师抓了茶叶放进杯子，然后用温水沏了，微笑着请年轻人喝茶。

杯子冒出微微的水汽，茶叶静静地浮着，年轻人不解地问："宝刹怎么用温水泡茶？"释圆大师笑而不语。年轻人喝了一口细品，不由摇摇头："一点茶香都没有。"释圆大师说："这可是名茶铁观音啊。"年轻人又端起杯子品尝，然后肯定地说："真的没有一点茶香。"

释圆大师又吩咐小和尚说："再去烧一壶沸水送过来。"不一会儿，小和尚便提着一壶沸水进来。释圆大师起身，又取过一个杯子，放茶叶，倒沸水，再放在茶几上。年轻人俯首看去，茶叶在杯子里上下沉浮，<u>丝丝清香不绝如缕</u>，望而生津。年轻人欲去端杯，释圆大师作势挡开，又提起水壶注入一线沸水，茶叶翻腾得更厉害了，一缕更醇厚更醉人的茶香袅袅升腾，释圆大师如是注了五次水，杯子终于满了，这时绿绿的一杯茶水端在手上清香扑鼻，入口沁人心脾。

释圆大师笑着问："施主可知道，同是铁观音，为什么茶味迥异？"年轻人思忖着说："一杯用温水，一杯用沸水，冲沏的水不同。"释圆大师点头："用水不同，则茶叶的沉浮就不一样。温水沏茶，茶叶轻浮于水上，怎会散发清香？沸水沏茶，反复几次，茶叶沉沉浮浮，最终释放出四季的风韵：既有春的幽静、夏的炽热，又有秋的丰盈和冬的清冽。世间芸芸众生，又何尝不是沉浮的茶叶？那些不经风雨的人，就像温水沏的茶叶，只在生活表面漂浮，根本浸泡不出生命的芳香；而那些<u>栉风沐雨</u>的人，如被沸水冲沏的酽茶，在沧桑岁月里几度沉浮，才有那沁人的清香啊！"

年轻人若有所思，惭愧不已。

人生若茶，我们何尝不是一撮生命的清茶？命运又何尝不是一壶温水或炽热的沸水？茶叶因为沉浮才释放了本身的清香，而生命也只有遭遇一次次挫折和坎坷，才激发出人生那一缕缕幽香！

在我们未来的人生旅途中，总会发生许许多多的变化，贫富的变化，环境的变化，工作的变化，身份的变化，所有的变化最终都会引起生活的变化，以至人生的变化。在变化中，培养自己乐观开朗的性格，用积极处世的心态把握人生，在变迁中体验人生，不断地改变自己的生活目标，调节生活内容，只有这样，生活之舵才不会偏移；让自己主动去适应每一次沉浮变幻，未来的生活才有定向。否则，终有一天会迷失方向而不知何去何从。

我们都是平凡人，有时背一点、穷一些是常事，学会"安贫乐道"，摆脱心浮气躁，才会拥有一个幸福安然的人生。

古希腊大哲学家苏格拉底还是单身汉的时候，曾经和几个朋友住在一间只有七八平方米的小屋里，可他一天从早到晚总是乐呵呵的。

有人问他："那么多人挤在一起，连转个身都困难，有什么可高兴的？"

苏格拉底说："朋友们在一块儿，随时都可以交换思想，交流感情，这难道不是很值得高兴的事儿吗？"

过了一段时间，朋友们一个个成家了，先后搬了出去。屋子里只剩下了苏格拉底一个人，但是他每天仍然很快活。

那人又问："你一个人孤孤单单的，有什么好高兴的？"

苏格拉底说："我有很多书啊！一本书就是一个老师，和这么多老师在一起，时时刻刻都可以向他们请教，怎能不高兴呢！"

几年后，苏格拉底也成了家，搬进了一座大楼里。这座大楼有七层，他的家在最底层。底层在这座楼里是最差的楼层，不安静，不安全，也不卫生。上面总是往下面泼污水，丢死老鼠、破鞋子、臭袜子和杂七杂八的脏东西，那人见他还是一副喜气洋洋的样子，好奇地问："你住这样的房间，也感到高兴吗？"

"是呀！"苏格拉底说，"你不知道住一楼有多少妙处啊！比如，进门就是家。不用爬很高的楼梯；搬东西方便，不必花很大的劲儿；朋友来访容易，用不着一层楼一层楼地去叩门询问。特别让我满意的是，可以在空地上养花种菜，这些乐趣，真是数之不尽啊！"

过了一年，苏格拉底把一层的房间让给了一位朋友，这位朋友家有一个偏瘫的老人，上下楼很不方便。他搬到了楼房的最高层——第七层，可是每天他仍是快快活活的。

那人揶揄地问:"先生,住七层楼也有很多好处吗?"

苏格拉底说:"是呀,好处多着呢!仅举几例吧:每天上楼下楼几次,是很好的锻炼机会,有利于身体健康;光线好,看书写文章不伤眼睛;没有人在头顶干扰,白天黑夜都非常安静。"

对于每一个人来说,生活中遇到不幸的事情是再正常不过的,如果你始终对不幸耿耿于怀,快乐就永远也不会到来。因此,只有培养自己开朗乐观的性格,笑对人生起伏的处世心态,淡化不幸,抓住眼前的快乐,才会让生命重放光彩。

第六节　知足常乐

"不以物喜,不以己悲",这八个字是人生得失之谈的经典,其深邃含义流传千古。其实,生活有时如火般能使人感到温暖,有时也会使人感到烦躁。你得到怎样的心灵感受,完全取决于你是否能够经受住得与失的考验,是否能够塑造自己知足常乐的开朗性格。放下那些妨碍心灵快乐的欲念与不可挽回的伤心往事,人生就会变得和谐幸福。

在我们的生活中,很多时候,我们舍不得放弃对权力与金钱的追逐,固执得不肯放下已经过去很久的种种往事……于是,只能用生命作为代价,透支着健康与年华;最后当我们得到一些自认为珍贵的东西时,不知有多少和生命休戚相关的美丽像沙子一样在指掌间溜走,而我们却很少去思忖:掌中所握的生命的沙子,数量是有限的,一旦失去,便再也捞不回来。

托尔斯泰说:"欲望越小,人生就越幸福。"古往今来,很多人因贪婪而身败名裂,甚至招致杀身之祸。驱使他们做出种种抉择的动力便是不可控制的贪欲,也因他们缺少了一种开朗热情、放松生活的良好性格。

清朝开国初期的皇叔父摄政王多尔衮,为人极为贪婪,他的一生争权夺势,追名逐利,不能自拔。

多尔衮对于皇权之争煞费苦心,六亲不认。他的哥哥皇太极去世后,虽然已拥立侄子福临为帝,即顺治,但多尔衮欲篡夺皇位的野心丝毫没有放弃。

孝庄文太后为了稳住与抚慰多尔衮贪婪的心,让儿子顺治帝封多尔衮为皇叔摄政王。可是，多尔衮对孝庄文太后母子这一恩赐并不买账。他一面在暗地里制作龙冠、龙袍，以备伺机谋篡大位；一面支使苏克萨哈、穆济伦等近侍策划"加封皇叔父摄政王为皇父摄政王，凡进呈本章旨意，俱书皇父摄政王"。在清朝众多的摄政、辅政王中，仅此一人称"皇父摄政王"的尊号与殊荣。对此，不只是当朝文武诸臣大惑不解，就连友邦也深感费解，引起一些议论与猜测，乃至朝鲜国王说："实际上就是两个皇帝了。"

随着权力的剧增，多尔衮贪婪的胃口也日益增大，极尽追名逐利之能事，把福临之所以能登上皇位的功劳归为己有，把各王公在入主中原前后的战功也尽归于己。

由于多尔衮利欲熏心、贪得无厌，依仗他的权势恣意横行，天人共怒。正所谓利深祸速，他去世不足半月，顺治帝就一反常态地向皇父多尔衮大肆施以夺权之举：先命手下大学士等朝臣闯进摄政王府，悉缴信符之类，悉入内库；继而又派吏部侍郎索洪等人把赏功册夺回大内；接着把多尔衮十数款罪状公布于世之后，就"将伊母子并妻所得封典，悉行追夺。诏令削爵，财产入官，平毁墓葬"。

贪婪自私的人往往目光如豆，只看得见眼前的利益，看不见身边隐藏的危机，也看不见自己生活的方向。贪欲越多的人，往往生活在日益加剧的痛苦中，一旦欲望获得满足，他们仍然会失去正确的人生目标，陷入对蝇头小利的追逐。还有一些人好贪小便宜，却因此而吃了大亏，这就是所谓的"知足之人永不穷，不知足之人永不富"。

在这个世界上，往往是那些懂得知足常乐的人更为幸福。这是因为，一个具有开朗热情性格的人，通常在生活中懂得知足常乐、平淡是福，能够笑看输赢得失，做到当放则放。

有一个人觉得生活很沉重，便去见哲人，寻求解脱之法。哲人给他一个篓子背在肩上，指着一条沙砾路说："你每走一步就捡一块石头放进去，看看有什么感觉。"过了一会儿，那个人走到了头，哲人问他有什么感觉。那个人说："越来越觉得沉重。"哲人说："这也就是你为什么感觉生活越来越沉重的道理。当我们刚来到这个世界上时，每个人都背着的只是一个空篓子，然后，我们每走一步都要从这世界上捡一样东西放进去，所以才有了越来越累的感觉。"那个人又问："有什么办法可以减轻这沉重呢？"哲人问他："那么你愿意把工作、爱情、家庭、友谊哪一样拿出来呢？"那个人不语。哲人说："当你感到沉重时，也许你应该庆幸自己不是总统，因为他的笼子比你的大多了，也沉多了。"

背得多，装得多，自然会令心灵感到沉重与疲惫。在我们的人生中，搬开别人放的石头很容易，因为这些石头从外表上我们可以辨别出来，难就难在搬开那些自己心造的石头。

两个和尚结伴到山下化斋，途经一条小河，两个和尚正要过河，忽然看见一个妇人站在河边发愣。经询问，原来是妇人不知河的深浅，不敢轻易过河。年纪比较大的和尚立刻上前去，把那个妇人背过了河，之后，两个和尚继续赶路。可是在路上，那个年纪较大的和尚一直被同伴和尚抱怨，说作为一个出家人，怎么能背个妇人过河，甚至还说了一些不好听的话。年纪较大的和尚一直沉默着，最后他对同伴和尚说："你之所以到现在还喋喋不休，是因为你一直都没有在心中放下这件事，而我在放下妇人之后，同时也把这件事放下了，所以才不会像你一样烦恼。"

放下是一种觉悟，更是一种心灵的自由。佛家说，"要眠即眠，要坐即坐"，这就是快乐之道。假若做人总是"吃饭时不肯吃饭，百种需索；睡眠时不肯睡，千般计较"，什么事都放不下，又怎么能快乐得起来呢？

"知足常乐，当放则放"，培养这样的开朗乐观性格，就要笑对人生的得与失，你可以从如下四点着手去做：

1. 态度要坦然

所谓坦然，就是生活所赐予你的，要好好珍惜；不属于你的，不要自寻烦恼。

2. 得失皆宜

得而不喜，喜而不狂；失而不忧，忧而不虑。这种态度，比那种患得患失、斤斤计较的态度更开朗，比那种"得不喜，失不忧"的淡然态度更积极，更有热情。因为患得患失是不理智的，不计得失是不现实的。该得则得，当舍则舍，才能坦然地面对得与失，找到生活的意义。这样的得失观，才是比较客观而又乐观的。

3. 认识要分明

在生活中，有些东西不是想得到就能得到的，有些东西不是想失去就可失去的。谁得到了不应得到的，就会失去应该拥有的。例如，当嗜取者取得不义之财的同时，就失去了不应失去的廉正。因此，当得者得之，当失者失之。

4. 取舍要明智

只有权衡一件事情价值、意义的大小，才能在取舍得失的过程中把握准确，明白该得到什么，不该得到什么，该失去什么，不该失去什么。比如，为了熊掌，可以失去鱼；为了所热爱的事业，可以失去消遣娱乐；为了纯真的爱情，可以失去诱人的金钱；为了科学与真理，可以失去利禄乃至生命。但是，绝不能为了得到金钱而失去爱情，为了保全性命而失去气节，为了取得个人功名而失去人格，为了个人利益而失去集体乃至国家和民族的利益。

生活有苦也有乐，有失去也会有得到，这是极其自然的事。不能总是幻想生活在充满激情、浪漫、刺激的境界中，不能总想得到，又害怕失去，要不然就难以保持心理上的平衡，以至感情经常处于大起大落的状态下，影响个人的身心健康。我们要让自己保持快乐，应随时调整自己的情绪，学会保持适度的冷静和清醒，使之有理、有节，达到平衡适中，以免内心的激情狂潮过于汹涌而乐极生悲。

第十一章　青少年必须克服的性格弱点

　　每个人都有自己的长处，也会有自己的缺点。如果对这些缺点采取视而不见的态度，那么缺点将长期存在，绝不会自动消失，而且常常会成为生活和学习中绕不过去的陷阱，使我们在追求成功与幸福的道路上举步维艰。只有正视缺点和不足，并不断加以弥补和修正，才能跳过这些陷阱，摆脱过去的阴影，自信满满地奔向梦想中的未来！

第一节　弱点是人的天性

　　世界因人的存在而变得更美好。每个人都是一个完整的个体，也都有着不同的弱点。弱点并不可怕，最可怕的是明知道自己的弱点却不去改变。

　　人性的弱点是每个人在迈向成功的过程中最强劲的对手。

　　在这些弱点中，并不能简单地用对和错来解释，许多弱点都是与生俱来的。

　　人性中有各种各样的弱点，多得我们自己都难以发觉其全部。我们有时会承认一些弱点是天生的性格问题，然而，多数弱点是由于后天众多事情造成我们性格上的缺陷。

　　俗话说："江山易改，本性难移。"或许，人的性格是难以改变的，但我们一定可以慢慢克服自身的很多弱点。

　　只要善于发掘、培育自身的优点，克服自己的弱点，总能找到适合自身优势发展的土壤。

抓住自己性格的内涵，是为了更好地剖析自己人性中的弱点。我们只有通过自身的努力，克服弱点，发扬优点，才能清晰地把握住自己的人生，那么，我们希望达到的目标就会在眼前。

人最难克服的弱点一般有八种：

一是公平论。事事要求绝对公平，总是抱怨对自己的不公平，嫉恨比自己强的人。

二是应该论。许多人的情绪被"应该论"操纵。例如我对某人好，某人就应该对我表示感谢；我喜欢他（她），他（她）就应该喜欢我，否则，就会郁郁寡欢甚至走上极端。这也是一种潜意识要求公平的心理。

三是依赖症。有的人依赖于异性，一旦离开，便无法支撑起自己的情感生活。摆脱这种情感陷阱的最好办法是要人格独立。

四是寻求肯定。许多人把获得他人的赞许和肯定作为自己的一种强大的支配力量，其实质是"不相信自己"。

五是过分要求完美。过度完美主义者要求自己或别人的所作所为一定要十全十美，到头来，却使自己或别人都变得无法接受。在某种程度上，这实际是一种轻度的强迫症。

六是自封心。具有自封心的人，总是借口秉性难易，不愿再改变自己，发展自己。其实是害怕约束自己，企求原谅自己。

七是内疚心理。过分的内疚是一种畸形责任感，就是主动承担本来不是自己的责任，这种心情自然是对身心极为有害的。

八是疑心病。有些人总是疑神疑鬼，总是虚构一些因果关系去解释别人为什么会有这样的举止言谈。如见到别人小声交谈，就认为是在议论自己。

每个人的性格当中都有或多或少的缺陷，不过，一旦我们能够善于避开它们，这些缺陷也就不足为奇了。

了解自己的性格缺陷，并自觉主动地加以纠正，有助于我们的身心健康。如果明知自己的缺陷而放任自流，你的一生将永远与成功无缘。要努力克服自己的人性弱点，培养自己优良的性格，走向成功。

第二节 性格不是简单的1+1运算

性格不是简单的 1 + 1 运算，它是杂糅交汇的矛盾统一体。性格中的对立面可以相互转化，进而爆发出巨大的能量。

人的性格是多么的矛盾——美与丑、爱与恨、悲愁与欢笑、崇高与卑鄙总是复杂地交织在一起。高尚中有粗鄙、善良中有嫉妒，性格中任何一种成分都被对立的因素所排斥与抵消，直至达到理性与感性的统一。这些总是使你感到灵魂的深不可测与性格的异常多变。

读过张贤亮的小说《绿化树》的人们，都会被主人公章永磷那种在幻灭和复活间摇摆的灵魂所震颤。

这个出生于"资产阶级"家庭、被打成"右派"的青年诗人，带着"原罪"走进人间，之后，又罪上加罪，于是被送进劳改农场。他在劳改农场的岁月里，由于饥饿的煎熬与种种苦难的打击，几乎变成了狼孩儿，灵魂也几乎死亡了。但狼孩儿身上毕竟还带着人的血液。因此，当他被释放出狱的第一天，听到海喜喜的忧伤的歌声时，唤起了他内心的辛酸，溢出了一滴人的泪水。这个开始复活的灵魂，最初仍然被饥饿无情地折磨，肉的空虚与脆弱的乐趣支撑他的沉重的灵魂。于是，他为肉的满足，不顾践踏自我人格而偷吃稗子面，不顾他人的辛酸而愚弄老实的卖萝卜的老乡。然而，他也意识到自己在堕落，他的心灵受到自我谴责的痛苦的折磨。在这种人生的十字路口上，他遇到了马缨花。这位善良而又泼辣、平凡而又伟大、圣洁而又鄙俗的女性，以火热的同情心与独特的爱情，使他恢复了青春活力，同时又唤醒了他早已丧失的人的尊严，使他的灵魂得到一次真正的复活。

但是，他的灵魂新生后又决定向"情敌"海喜喜应战。他要以付出灵魂的另一面作为代价——"什么文化知识，见鬼去吧""有了筋肉，就有本钱"。

当他战胜海喜喜又被马缨花拒绝后，终于又引发了一场灵魂的震撼。马缨花"还是好好读书"那句话，不仅扑灭了他带着邪气的肉的意念，同时也重新点燃了他追求知识和真理的火焰。然而，从此以后，他在马缨花面前的文化优越感又萌动了，此种优越感竟然使他感到拯救他灵魂的这位伟大女性的"粗俗"以及他们之间的距离。

在经历性格中鄙俗与善良的两种成分的排斥之后，他灵魂中的道义力量终于使他回到马缨花的身边，使他达到理性和感性的统一。这时，他的灵魂才真正实现了一次最大的凯旋。

它或许是一种杂糅、一种交汇，甚至是你中有我、我中有你，任何一个人都在性格的矛盾中挣扎着。

一个本性善良的人，是他性格的成分中善良与虚伪相减后的盈余。如一个善良的人没有私心，他的善良可能施之于爱人、朋友、邻里，却可能不会施予陌生人甚至乞丐。因而，善良是有局限的，一个人性格中所有好的方面都是有局限的。一个人可以称之为好人，正是其性格中好的因素减掉负面因素而有盈余的结果。性格中各种因素之间总是呈现一种复杂的存在关系。懂得这种存在关系的复杂性，对于我们了解性格，优化性格组合，十分有意义。

我们可以说李白是一个不可救药的乐天派，一个伟大的人道主义者，一个百姓的朋友，一个大文豪、大书法家、创新的画家、品酒师，一个皇帝的秘书、酒仙或者酒鬼，一个日夜徘徊者，一个诗人，但是这还不足以道出他的全部。一提到李白，中国人总是亲切而温暖地会心一笑，这个结论也许已经足以表现他的特质。

李白的性格中无疑交织着很多对立的矛盾，但这些矛盾并不能妨碍他成为伟大的诗人，或者说恰恰成就了他最终成为伟大的诗人。

性格中的各种因素，往往处于运动的状态。在外部环境的作用下，性格中的阴面与阳面可以相互转化。

日本曾有位叫山崎的商人，由于经商失败，经不住打击，失魂落魄地伫立在河边想投水自杀。河边的树叶在秋天的微风中摆动，他颓唐的眼睛茫然地望着流动的河水，那情景是美丽的，但根本吸引不了他。

这天刚好在那里举行丰年祭，河水上面漂浮着各种各样祭礼用的生菜。他想：让这些生菜白白流走，实在是太可惜了，该想办法去利用它。原本一心想死的他，此刻却有了一种坚持活下来、非大干一番不可的念头。他无神的眼睛开始发亮，心情也开朗起来。于是，他脱下衣服，急忙跳进水里，把河中所有的生菜都捡起来。他把拾起来的生菜切碎做成酱菜，做起

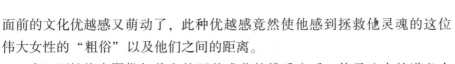

了不要本钱的生意来。

因他的酱菜风味独特，吃过的人都赞不绝口，生意越来越好，因而发了一笔大财。这酱菜使他离开死亡的边缘，又带给他幸福和财富，因此被命名为"福神渍"。

山崎去世后，他的子孙把酱菜改变为罐头包装，向全国推销。由于世世代代的不断努力，"福神渍"已成为享誉世界的酱菜罐头。

人的性格中的消极与积极、美与丑、善与恶都可以转化为相对立的另一面，使之比先前更为深厚和强大。这时，性格的因素不仅完全不是相加的结果，甚而可能是相乘的关系。正如山崎，尽管性格中脆弱的一面已使得他难以自持，一旦倔强的念头陡然出现，脆弱的灵魂马上就荡然无存了。那种不达目的决不罢休的勇气似乎已成为全部，一直支撑着他创立起自己的事业。

性格不是简单的 1 + 1 运算，它是一个人性格中的二重性因素相互作用的结果。一个人，不管今天如何，只要你对明天存有希望，你就应不断摒弃你的性格漏洞，超越自我，铸造自我来培养良好的性格，赢得美好的人生。

第三节　认清性格复杂性的必要

人的性格是复杂的，但绝不是破碎的。每个人的性格中总有一条贯穿始终的主线，把性格中的各种元素统一起来，呈现出一条总体的人性趋向。这种人性趋向正确与否，将决定一个人一生的成败。

刘心武在他的长篇小说《钟鼓楼》中，对笔下的人物詹丽颖做了这样一段旁白："对于人来说，最难以改造的确实莫过于性格。谁的性格只有一种成分，呈现出一种状态呢？詹丽颖性格中那些不良的因素，使她倒了大霉，然而她性格中的另一些因素——与没心没肺并存的豪爽，与出语粗俗并存的吃苦耐劳，与任性放纵并存的不记仇不报复，与咋咋呼呼并存的乐于助人……却也使她获得了爱情。"

由此，认清人的性格复杂性的成因显得十分必要。它可以为你提供校正性格中不良因素的影响、张扬个性中积极美好一面的最佳依据，引导你走向自己所能开拓的最亮丽的世界。

社会的复杂性造就了性格的复杂性。一个人性格复杂性的成因是多方面的，既包括社会环境的影响，也包括心理特征的折射；既是时代现象的反映，也渗透着文化修养的内涵。正是这些因素才构成了一个人复杂的性格。一般情况下，一个人呈现在众人面前的形象是那么简单明了，又有谁想到这简单的背后有一个复杂的性格系统，更有构成这种性格系统的诸多原因呢？

《人生》中的高加林是一个处于人生岔道口的人物。当这个形象呈现在我们面前时，我们可以感受到他身上所承载的社会关系的负荷是那么沉重，他是那样值得同情、值得讴歌，又是那样应当遭到憎恶、谴责。他的性格充满了复杂的因素：他既热爱故乡，又想远离故乡；他崇敬在田野上劳动的父老兄弟，又不准备承担同样的艰辛；他时时都在自我扩张，又时时都在自我克制；他"卑鄙"地背叛巧珍的爱情，但又真诚地诅咒自己背叛的"卑鄙"。他时而自尊，时而自卑；时而崇高，时而卑下；时而像个诗人，时而像个庸人；时而像保尔·柯察金，时而像于连·索菲尔。他的性格走向中总是充满矛盾，充满动荡、不安、痛苦、拼搏。高加林性格的核心，是他身上的执著、倔强的进取精神，利他因素与利己因素互相交织着的进取精神。

所以可以说，高加林有着执著追求理想但又总不能实现的悲剧者的性格。他的性格是复杂的，但不是破碎的，就由于他的性格中有这种贯穿始终的进取精神，把他的各种性格元素统一起来。

是什么原因造就了高加林的复杂性格特征呢？

他的性格矛盾正是当时社会变革和发展中各种矛盾关系的一种折射。

从社会环境的影响来看，他的性格反映了处于不同经济文化层次的农村和城市生活的差异；就心理特征的构成来看，他的性格是那一代青年心路历程的缩影，反映了变革时期一代青年精神裂变的巨大痛苦；从时代现象来看，他的性格反映了传统生活向现代生活过渡的矛盾；从哲学与美学的内涵来看，他的性格是人生道路上各种美好和痛苦经历的形象表现。由此可见，复杂的社会环境是形成高加林"深邃而不可知"的性格的最根本原因。

弄通了性格复杂性的原因，是为了找到破译性格系统中的"木桶效应"

的密码。找到性格中"最短的木板"，把它替换掉，你才能挥洒性格的长处，追逐到人生的光环。

性格的一部分源自遗传，性格"因子"中的遗传因素也不可忽视。

1890年，一个美国女人在巴黎大剧院赤脚跳舞而轰动整个欧洲，很多报纸都称赞她引发了一场舞蹈革命。

这个年轻美丽的美国女人就是依莎贝拉·邓肯。

邓肯的父亲是一位诗人，她的母亲是一个音乐教师，这样的家庭背景使邓肯继承了父母亲的文化细胞。这种文化的熏陶又使邓肯逐渐具有一些特立独行的个性。然而，不幸的是，邓肯的母亲后来和父亲离婚了，母亲不得不整天为生活奔波，到有钱人家当家庭教师，以养活邓肯和其他三个孩子。

母亲经常很晚才回家，根本就没有时间管理孩子。在邓肯5岁那年，母亲为了减少对邓肯的管理便谎报了邓肯的年龄把她送到了学校。上了一年学，邓肯那种天性活泼的个性就显现出来。

有一天，她召集邻近比她还要小的几个小孩来到家里，让她们围着她坐在地上，然后她起身向大家挥舞着手臂。她的举动让回来的母亲看见了，母亲问她在做什么，她回答说："我在办舞蹈学校。"之后，邓肯的这个"学校"还真有了一点名声，邻近的很多女孩子都来跟她学舞，有一些家长还给她送来了一些钱。邓肯不仅是一个有艺术天分的孩子，并且在生活中她还是一个很勇敢、很有主见的女孩，这种性格为她日后的成名打下了良好的基础。

10岁那年，邓肯在家里办的舞蹈学校的学生人数增加了，由此，邓肯把头发盘在头顶上，谎报自己已16岁了，从此，便正式开始了她的教学生涯。几年后，邓肯让母亲带她去芝加哥发展，先在屋顶花园晚会上表演，她觉得这里不但不能表现她的舞蹈才能，而且也不能充分展示她的才华，因此，她只跳了一个星期，便坚决辞掉这份每周50美金的工作。

然而，这次的失败并没有让她灰心丧气，她想再到纽约去闯一闯，那时刚好美国最著名的剧院经理与画家达利先生来到芝加哥。于是邓肯便找到了达利，她在达利的面前演讲了一番后，得到了达利的支持，并因此而得到去纽约演出的机会。达利的出现，给邓肯带来了新的影响力，使邓肯探索求知的性格得以尽情挥洒。16岁那年，邓肯在纽约的剧院中演出而一举成名,她的舞蹈让人们看到了一种自然的表演。由此,邓肯便拉开了现代舞的序幕。

可以说,没有父母亲性格的传承,没有家庭和社会文化环境的熏陶,邓肯就不会形成勇敢、自信、求知的性格。

没有这种性格的铺垫,她的成名最终只会成为空谈。

弄懂性格复杂性的原因,对于剔除性格中的致命弱点,张扬个性,开拓人生,十分重要。

第四节 不拘小节吃大亏

不拘小节的人往往不在意小事。他们的性格决定了他们做事常常漫不经心、马马虎虎。缺乏耐心是他们的特点,因此容易导致半途而废,他们的行为往往预示着自己将会因性格的缺陷而陷入无尽的痛楚中。有时往往是在一些小事上的疏忽大意,不加重视,而致使自己失去了大好的发展机遇。

五年前 A 君还在一家营销策划公司工作,当时一位朋友找到 A 君,说他们公司想做一个小规模的市场调查。朋友说,这个市场调查很简单,他自己再找两个人就完全能做,希望 A 君出面把业务接下来,他去运作,最后的市场调查报告由 A 君把关,当然了会给 A 君一笔费用。

这确是一笔很小的业务,没什么大的问题。调查报告出来后 A 君也很明显地看出其中的水分,但他只是做了些文字加工和改动,就把它交了上去。

去年的某一天,几位朋友拉 A 君组成一个项目小组,一块儿去完成北京新开业的一家大型商城的整体营销方案。不料,对方的业务主管明确提出对 A 君的印象不好,原来此位先生正是当年那项市场调查项目的委托人。

因果循环,A 君目瞪口呆,也无从解释些什么。这件事让他受到极大的刺激,现在返回头来看,当时他得到的那点钱根本就不值一提,因为自己的轻率,竟给自己造成如此之大的负面影响!真是追悔莫及。

有些人不拘小节的性格决定了他们在工作中经常犯马虎轻率的毛病,他们觉得任务完成得差不多,凑凑合合就行了,完全没有必要在一些细节上费工夫，磨时间。有时候在一些细节问题上出了错，他们也会认为是小错误，小疏忽，根本无足轻重，不会对整个大局构成危害。你若是善意地批评他们或是规劝他们改正，他们甚至理直气壮地认为："行大礼不辞小让，做大事不拘小节，我是要做一番大事业的人，在大刀阔斧的行事，哪能婆婆妈妈的，顾及那些细枝末节的问题呀!"这真是让人哭笑不得，当然，有雄心壮志，希望通过努力工作来创造一番事业是一件好事，但是那不能成为你马虎轻率，粗枝大叶的理由。世间最睿智的所罗门国王曾经说过："万事皆因小事而起，你轻视它，它一定会让你吃大亏的。"

有没有发现：越是专业的人越懂得关注细节。也正是那些细节，造成了最终结果的不同。在习惯了的工作中，能够发现值得关注和提升的小事，并能在它们变成大事之前予以解决，这就是学习力。

在日渐浮躁的商业社会，希望获得更好结果的人们，总是无休止地追逐下一个目标，至于过程中的"小"问题，似乎谁都懒得去理会，但他们恰恰忘记了这正是可以带来好结果的关键所在。难怪连美国国务卿鲍威尔也会把"注重细节"当作他的人生信条呢。

除非你对职业前景并不抱什么希望，否则建议你好好留意这几点：

①没有什么"小事"，只要是构成结果的一部分，都值得你去重视。

②关注工作流程，只要认为目前还未达到最佳效率，细节就应该关注。

③差距往往来自细节，造成不同结果的事，往往是容易被忽略的小事。

历史上和现代生活以及工作中都有许多因为马虎轻率、一时大意，对细节的忽视而造成巨大的损失甚至酿成悲剧的。北京某报社曾有个年轻的通讯员，在报道某企业当年的成就时，因为一时的马虎把"千"字错写成了"万"字，结果新闻在报纸上登出后，当地的税务部门立刻找到这家企业的老板，严厉批评他说："你们公司隐瞒实际收入，企图偷税漏税，现在必须补交税款。"厂老板听了之后感到十分奇怪，因为公司确实是按实际收入交税的，没有任何隐瞒收入的违法行为，于是就与税务部门争辩，税务部门人员说："你们还拒不承认，更应该加重处罚，你们说没有隐瞒收入，但是报纸上已把你们的收入登出来了，与你们上报的出入太大，你们还不承认?"老板没办法，只得找来报纸，并协助税务部门重新核查账务，结果才发现是那个通讯员的马虎所致!

一个人如果因为他平时的不拘小节，马虎轻率给公司造成巨大的损失，铸成了大错，那么他以前所有的辛劳也会付之东流，甚至影响到他的职场生涯，实在是得不偿失。因此不论在工作或生活中，我们要时刻提高警惕，不要忽视那些表面看来无关紧要，但却可能造成重大影响的细节问题。我们应该牢记：千里之堤，溃于蚁穴，差之毫厘，谬以千里。真正做到防患于未然，这对于我们每个人来说都是非常必要的。

第五节　偏执是埋藏在身边的"炸弹"

具有偏执型性格的人固执己见，对人对事抱持猜疑、不信任的心理。其主要表现就是在人际交往中常猜疑他人，过度警觉，遇到矛盾就推诿或责怪他人，强调客观原因，看问题倾向以自我为中心，自我评价过高，心胸狭隘，不愿接受批评，经常挑剔他人的缺点，容易产生嫉妒心理，常常闹独立。

假如他们的看法、观点受到质疑，他们往往会与人争论、诡辩，甚至冲动地攻击他人。他们的心理活动常处于紧张状态，由此，表现得孤独、无安全感、沮丧、阴沉、不愉快、缺乏幽默感。偏执型性格缺陷者假如不及时接受心理教育，纠正自身的心理缺陷，就有可能发展为偏执型精神分裂症。一些严重的偏执型性格者，就有可能是精神分裂症患者。

偏执型性格缺陷的心理纠正方法有以下几种：

认知提高法。偏执型性格者对他人不信任，敏感多疑，对任何善意忠告都很难接受。对此，应在相互信任和情感交流的基础上，较全面地向他们介绍性格缺陷的性质、特点、表现、危险性和纠正方法。具备自知力，能够自觉自愿地要求改变自己的性格缺陷，是认知提高训练成功的指标，也是参加心理训练最起码的条件。

交友训练法。即积极主动地进行交友活动。交友及处理人际关系的原则要领是：真诚相见，以诚交心。必须采用诚心诚意、肝胆相照的态度，主动积极地交友；要坚信世界上大多数人是好的和比较好的，并且是可以信赖的；不应该对朋友，特别是对知心朋友存在偏见、猜疑。

交往中尽量主动给予知心好友各种各样的帮助。主动地在精神上与物质上帮助他人，有助于以心换心，取得对方的信任，从而巩固友谊关系。

特别是当他人在困难时，更应该鼎力相助，患难中见真心，这样做最能取得朋友的信赖和加强友好情谊。

注意交友的"心理相容原理"。性格、脾气的相似或互补，有助于心理相容，搞好朋友关系。假如两个人都是火暴脾气则不容易建立稳固、长期的友谊关系。但是，最基本的"心理相容原理"条件，是思想意识与人生观相近，这是保持长期友谊的基础。

自省法。自省法是通过写日记的形式来表达自身的感受，每天临睡前回忆当天的所作所为情景，进行自我反省的方法。该方法有助于纠正偏执心理，是一种很有效的改变自己心理行为的训练方法，对于塑造健全优秀的人格品质与自我教育，效果明显。

第六节　分裂型性格的治疗

分裂型性格缺陷者的主要表现是过分胆小、羞怯退缩、回避社交、离群独处、我行我素而自得其乐、沉醉于内心的幻想而缺乏行动；行为外表古怪、离奇，不修边幅，性情怪僻，喜欢自言自语；情感淡漠，对人缺乏热情，兴趣贫乏，对外界事物缺乏激情，对批评和表扬常持无动于衷的淡漠态度。

该类型的人极少有攻击行为，一般不会给他人制造麻烦。但由于他们很少顾及他人的需要，总是独来独往，沉浸在自己的"白日梦"中，难以完成责任重大的工作。这类性格缺陷容易进一步发展为精神分裂症，有些人存在严重或者突发的分裂型性格缺陷，也许是早期精神分裂的重要信号。

分裂型性格缺陷者训练目标是纠正性格上孤独离群、情感浅淡以及与周围环境的分离。分裂型性格缺陷的心理纠正方法有以下几种：

社交训练法。旨在纠正性格孤独不合群的缺陷。提高认知能力，懂得孤独不合群、严重内向性格的危害性，自觉投入心理训练；提高认知，要求本人有意识地分析自己的心理不足，确定积极探求人生的理想目标，并有为之奋斗的自信心、决心和生活情趣。

情感训练法。通过读书、欣赏文艺作品等，学会欣赏艺术美、自然美、社会美和心灵美，陶冶高尚情操。应该懂得这样一个道理：人生是一次情趣无穷的愉快旅程，每一个人都应该像一位情趣盎然的旅行家，每时每刻在奇趣欢乐的道路上旅行。分裂型性格缺陷者必须培养多方面的兴趣爱好，如唱歌、听音乐、绘画、练书法、打球、下棋等。

兴趣培养法。兴趣是人积极探究某种事物和给予优先注意的认识倾向，同时常具有向往的良好情感。因此，兴趣培养训练有助于克服这类心理缺陷者的兴趣索然、情感淡薄的不健全心理状态。多种兴趣爱好可以培育出向往生活的良好情感，丰富人们的生活色彩，给人的认识留下深刻的印象。积极参加集体活动。扩大社会信息量，克服情感淡薄的弊病。兴趣培养法是克服分裂型性格缺陷的最好方法。分裂型性格缺陷者要有意只地分析自己的心理缺陷，确定人生的理想目标，并有为之不懈奋斗的信心和决心。

第七节　摆脱恐惧

所谓恐惧是对某种物体或某种环境的一种无理性的、不适当的恐惧感，比如恐高、恐水。恐惧的原因有的是因为先天的性格脆弱，天生紧张而显得神经质。另一因素是不能解决自身承受的精神压力。

恐惧是来自自己内心的魔鬼，它会毒害你，扼杀你的勇气、信心，让你变成一个彻头彻尾的胆小鬼和失败者。因此，你必须要消灭它，才能活得轻松、快乐。

恐惧能摧残人们的意志与生命。它影响着人的胃、伤害人的修养、减少人的生理和精神的活力，进而破坏人们的身体健康。同时，它还能打破人的希望、消退人的志气，而使人的心力衰弱至不能创造或从事任何的事业。

恐惧能摧残人的创造精神，足以杀灭个性，而使人的精神机能趋于衰弱。一旦你心怀恐惧、不祥的预感，则做任何事情都不可能有效率。恐惧代表着、指示着人的无能和胆怯。该恶魔从古至今都是人类最为可怕的敌人，是人类文明事业的最大破坏者。

最坏的一种恐惧心，就是往往预感着某种不祥之事的来临。该种不祥的预感，会笼罩着一个人的生命，像云雾笼罩着爆发前的火山一样。

某些人对一些本来并不可怕的事却产生一种紧张、恐怖的情绪体验。

他们自身也能意识到此种恐惧是完全没有必要的，甚至还能意识到这是很不正常的表现，但就是不能控制自己，尽管尽了很大的努力也依然无法摆脱与消除，因而感到十分的不安。

克服恐惧有以下几种方法：

注意力集中法。在社交场合，不必过度关注自己给别人留下的印象，要知道自己不过是个小人物，不会引起人们的过分关注，正确的做法是学会把注意力放在自己要做的事情上。

兜头一问法。当心理过于紧张或焦虑时，不妨兜头一问：再坏又能坏到哪里去？最终我又能失去些什么？最糟糕的结果又会是怎样？大不了再回到起点，也没有什么了不起！想通了这些，一切就会变得容易起来了。

钟摆法。为了战胜恐惧，心里不妨这样想：钟摆要摆向这一边，必须先往另一边使劲。我脸红大不了红得像块红布，我心跳有什么了不起，我还想跳得比摇滚乐鼓点还快呢！结果呢，人们会发现实际情况远没有原先想象的那么严重，于是注意力就被转移到正题上了。

恐惧可以说是人生成功的大敌，它会损耗你的精力，折磨你的身心，缩短你的寿命，让你失去信心，阻止你获得人生中一切美好的东西，克服它你才能给自己赢得一次成功的机会。假如你不愿失败，就立即行动，挑战畏惧。人生的路很漫长，假如你一直都无法面对心底的这个魔鬼，到头来后悔也就来不及了。